LA PYROTECNIE
DE
STARKEY,

OU

L'ART DE VOLATILISER
LES ALCALIS,

SELON LES PRECEPTES de Vanhelmont, & la préparation des Remedes Succedanées, ou aprochans de ceux que l'òn peut préparer par l'Alkaeſt.

Par le Sieur JEAN LE PELLETIER, *de Roüen.*

A ROUEN,

Chez GUILLAUME BEHOURT,

& ſe vend

A PARIS,

Chez LAURENT D'HOURY, rue ſaint Severin, vis à vis la rue Zacharie, au Saint-Eſprit.

M. DCCVI.

Avec Approbation & Permiſſion.

PREFACE

GEORGE STARKEY Docteur en Medecine à Londres, peu satis-fait de la Methode Gallenique qu'il avoit étudiée à fond, entreprit l'examen des Ecrits de Paracelse & de Van-Helmont avec tant d'aplication, qu'il en pénétra les principes & les Mysteres, qui le rendirent un sçavant Philosophe, & lui firent faire un tel progrés dans la Chymie, qu'il se crût assez fort pour en entreprendre la deffense, contre les Medecins Galenistes

A

qui la décrioient. C'est pourquoi il se mit à composer plusieurs Traitez en Anglois, deux entr'autres, dont l'un intitulé, l'Explication de la Nature & la deffense de Van-Helmont, où il traite d'une maniere cruelle ses Confreres, qui suivoient la Methode Galenique, dans leur pratique, & l'autre qu'il nomma la Pyrotecnie prouvée & éclaircie, où il propose non seulement une nouvelle Methode pour la préparation des Remedes, selon les principes de Van-Helmont, mais où il découvre encore tous les Mysteres de cet Auteur, par ce qu'il y a de plus excellent, dans la préparation des Remedes Chimiques.

Non content de ces Traitez il en composa encore d'autres contre les Chymistes mêmes : contre ces Vanteurs ignorans qui abusent de l'Art & en imposent au

Public, par des Remedes ridicu-
les aufquels ils donnent de grands
noms.

Les Difcours trop libres & trop
Satyriques de ces Traitez ne man-
querent pas d'attirer à Starkey
plufieurs affaires de la part des
Medecins & des Chymiftes : mais
ils furent la caufe occafionnelle de
la revelation de plufieurs chofes
excellentes qu'il ne découvrit dans
le fecond, que pour mieux fe def-
fendre contre fes Adverfaires. Car
y faifant un dénombrement des
Remedes ordinaires dont on fe
fert dans la Methode Galenique,
& les y comparant avec ceux qu'on
peut préparer felon les principes
de Van-Helmont, il y fait voir
le peu de fuccés des uns dans la
guerifon des Maladies les plus
communes ; & les avantages des
autres contre les Maladies les plus
obftinées.

Or ayant remarqué dans ces

Traitez , que l'on pouvoit découvrir le secret des deux clefs de
toute la Mecanique de Van-Helmont pour l'Art de la Pyrotecnie : c'est à dire que l'on pouvoit
découvrir le Secret de son Alkaest , & le Secret de ses Mysteres touchant la volatilisation des
Alcalis ; la premiere donnant l'entrée aux grands Arcanes , & la
derniere aux succedanées ou a pro-
chans. J'ay choisi dans ces Escrits
tout ce qui m'a semblé convenir
à ces deux choses, dont j'ay donné la Traduction en nôtre langue
de ce qui regarde la premiere de
ces clefs, dans mon premier Recueil
le Dissolvant Universel de Van-
Helmont revelé ; & je donne dans
celui-ci , la Traduction de tout ce
qui regarde la derniere , ayant
negligé , ou laissé tout ce que j'y
ay trouvé de Satyrique , comme
la paille qui envelopoit le grain,
m'étant contenté d'en ramasser le

dernier. Ainſi l'on trouvera dans ce ſecond Recueil, tout ce qui regarde la volatiliſation & l'uſage des Alcalis, comme on trouvera dans le premier, tout ce qui regarde la confection & l'uſage de l'Alkaeſt. De ſorte que l'on peut dire que l'on aura dans ce double Recueil tout ce qu'il y a de plus beau & de plus rare dans la Chymie, pour la préparation des Remedes les plus excellens.

Mais quoique Starkey à l'imitation de Paracelſe & de Van-Helmont, n'ait pas toûjours dit les choſes auſſi clairement qu'il le pouvoit, il ne laiſſe pas dans la Theorie d'éclairer ſuffiſamment le jugement de ſes Lecteurs, des raiſons de la nature des choſes dont il traite. Et quoique pour la pratique, il n'ait écrit que pour n'être entendu que de ceux qui ſont initiez dans l'Art de la Pyrotecnie ; qui ſuivant le conſeil de

Van-Helmont ont la prudence de
ne lire les Auteurs Chymiques ,
qu'avec une ferieufe application ,
accompagnée d'effays & d'experiences réïterées : *Ad hæc autem
non fufficit libros terere* ; dit-il dans
fon Traité des Fiévres. Chapitre
15. *Sed infuper oportet carbones atque
vafa emere , & vigilatas ex ordine
noctes impendere. Sic feci, fic dixi ,
Laus Deo.* Et quoi , dis-je , qu'il
n'ait écrit que pour n'être entendu que de ces perfonnes : il eft
cependant tres-évident , par les
écrits que je publie dans ce nouveau Recueil , que ceux qui auront quelque teinture de l'Art
Chymique n'auront nul befoin
d'Oedippe pour le dénouëment
des Enigmes qu'il y propofe. C'eft
pourquoi je n'ay point crû qu'il
fut neceffaire de leur donner d'autres directions que celles que l'Auteur lui-même leur a données,
pour des chofes qu'ils pourront,

d'eux-mêmes, découvrir avec plai-
sir, dans ses Ecrits.

Il y aprend à préparer, à purifier,
à corriger & à exalter les simples
par les Alcalis. Et parce qu'avec
ces Alcalis toute huile volatile &
tout Esprit peuvent être changées
en Sel essentiel ou volatil; il y en-
seigne à volatiliser ces Sels avec
ces huiles & avec ces Esprits en
toute sorte de manieres.

Il y aprend à séparer les Soulphres des Mineraux & des Métaux
imparfaits par les Alcalis. Il y
aprend à volatiliser ces Alcalis
simples, à les volatiliser empreins
de ces Soulphres; à les sublimer
avec les Métaux parfaits, à en tirer les teintures; à tirer un Esprit
de ces Alcalis volatilisez, pour la
dissolution des Métaux parfaits;
& par des manipulations judicieu-
ses, il y aprend enfin à faire avec
ces Alcalis ainsi préparez, tout ce
qu'on pouroit faire avec l'Alkaest

même. De sorte que la préparation des Remedes qu'il propoſe par cette ſeconde clef de la Chymie, ne le peut céder qu'à celle qui ſe fait par la premiere, qui eſt l'Alkaeſt ; & les Remedes qui en ſeront préparez, n'en dévront rien à l'Arcane coralin ou *Diaceltateſſon*, à l'*Aurum horiſontale*, au *Laudanum*, à l'Elixir de propriété, à la Panacée d'Antimoine, à l'*Ens veneris*, ni aux autres Arcanes de Paracelſe & de Van-Helmont.

Le but de ces travaux, c'eſt que les Alcalis, comme le prouve Van-Helmont, étant volatiliſez, égalent en vertu les plus excellens Arcanes, à cauſe que par leur vertu réſolutive & déterſive, ils pénétrent juſqu'à la quatriéme digeſtion, réſolvant en paſſant, tous les excremens & toutes les coagulations contre nature, qu'ils rencontrent dans les vaiſſeaux.

Entraînant avec eux toutes les ré-
sidences qui se trouvent dans les
veines, & par ce moyen ils ou-
vrent les obstructions les plus obstinées, & dissipent la cause materielle des Apostêmes & des Ulceres tant internes qu'externes.
Leur Esprit est si pénétrant & si
actif, que rien ne peut atteindre
où il ne peut aller. Il est d'une qualité si résolutive, qu'il dissout tous
les simples, & si admirable, qu'en
les dissolvans, il se coagule dessus ; empruntant du Corps qu'il a
dissout une vertu specifique qui
ayant entrée par son moyen dans
les recoins les plus secrets du corps
humain, il en guerit actuellement
les maladies les plus longues & les
plus desesperées.

Quelques personnes curieuses,
d'entre ceux là qui ne voyent que
par les yeux des autres, & qui ne
décident rien que par le jugement
de ceux qu'ils croyent plus habi-

les qu'eux, ont été fcandalifez que j'aye pris un Impofteur pour un Adepte , un fourbe pour un fçavant Chymifte : c'eft à dire, que j'aye pris Starkey pour un homme d'honneur , lui qui a paffé pour un de ces Affronteurs , qui tendent des pieges à la bource des Curieux crédules , & qui la gueriffent de répletion par une induftrieufe phlebotomie réïterée , fous des prétextes fpecieux de lui donner un jour l'embonpoint d'une fanté inalterable. Vous nous donnez difent-ils le caractere d'un homme que vous ne connoiffez pas , nous avons fon Portrait d'une main fçavante qui l'a peint *ad vivum* dans une Lettre écrite par un Medecin Anglois à Jean Ferdinand Hertold à Todtenfeld de Moravie , & qui fe trouve dans l'Apendix de la huitiéme année des *Mifcellanea curiofa* d'Allemagne ; ou de l'année 1677. Et s'il étoit vrai ajoûtent-ils que Starkey eût été Philalete comme le dit le Medecin Anglois, dans la Lettre dont on vient de parler : George Hornius dans la Differtation qu'il mit au commencement des Ouvrages de Geber, qui furent imprimez à Leyde en 1668. en donneroit encore un crayon, qu'on ne regarderoit pas comme un brouillon, mais comme un deffein bien fini. Voici les termes de la Lettre de ce Medecin Anglois.:

Vocatus fuit Philaletha Anonymus, nomine Georgius Starkey, natione Anglus, familiaris factus cuidam vero Adepto Doctori Childe vocato, in America, feu Indiis Occidentalibus (nova Anglia dicta). ab eodem accepit unciam unam Elixiris, ad Album, cujus una pars tranfmutabat mile partes plumbi, stanni, vel Mercurii, in optimum argentum. Et fine dubio Georgius Starkey, fi hypocrifim fuam non tam cito manife-

staffet , obtinuiffet cognitionem inte-
gram Magifterii. Quare cum fua tin-
Ctura rediit in Angliam , & fecum
attullit duodecim Tractatulorum Chimiæ , à Doctiffimo Childe compofito-
rum , nomina , feu titulos , quorum
nomina non bene recordor , fed inve-
nientur in Præfatione Medullæ Alchimiæ , Anglice fcriptæ. At fequen-
tium memini , qui funt : Introïtus
Apertus , Manuductio ad Rubinum,
fons Chimiæ , brevis via ad vitam
longam , Elenchus errorum in Arte
Chemica deviantium , brevis manuductio ad campum Sophiæ. Hi fex
Tractatus fuerunt Anglicè fcripti ,
quorum omnium habui copiam mea
manu ex Autographo Starkei difcri-
pto , antequam Latinè venerunt in
lucem. Itaque fuit Starkey ifte, ifto-
rum omnium 12. Tractatuum verus
Author , & tantum modo fecum at-
tulit illos 12. Titulos quos promiferat
Doctor Childe in pofterum fe miffu-
rum. Sed quando vidit Starkey quod

Doctor Childe nihil amplius ad se scriberet, tunc composuit 12. Tractatus sub istis Doctoris Childe titulis, & sic fuit multorum malorum causa, per suas deceptiones, qui anno 1665. in carceribus Londinensibus, pro debitis suis detentus, peste mortuus est. Illo tempore quo à Doctore Childe accepit tincturam habuit annos 23. ætatis suæ, & sequenti anno obtinui ejus cognitionem, sed non familiaritatem, nisi postquam consumpsisset quod habuit, tunc sumptibus meis, & Amicorum, invenimus vanitatem dictorum suorum. Sufficiat nunc de illo mortuo hæc dicere. Requiescat in pace.

Et voici les paroles de Hornius :

Prodiit nuper Anonymi Introïtus apertus ad occlusum Regis Palatium, ante multos annos, ex Anglia Mss. ad me transmissum, opus planè Sophisticum & commentitium, quod experientia multis, qui exactè probarunt, cum damno temporis & sumptuum cognitum fuit.

Si les faits que le Medecin Anglois Anonyme raporte étoient conftans, il feroit difficile de difculper Starkey des chofes dont on l'accufe : mais il me femble qu'il eft aifé de faire voir, qu'ils ne peuvent être que l'effet d'une pure récrimination d'un homme piqué au vif, qui n'ayant ofé attaquer fon Ennemi vivant, infulte fa mémoire aprés fa mort, par de pures calomnies.

Il dit dans fa Lettre que George Starkey Anglois, étoit l'Anonyme Philalete, qu'un certain Docteur de même nation, appellé Childe, vrai Adepte, lui avoit donné dans la nouvelle Angleterre, une once d'Elixir, qui changeoit mille fois fon poids de Plomb, d'Etaim, ou de Mercure, en bon Argent ; & que Starkey repaffé en Angleterre avec fon Elixir, y avoit auffi aporté les Titres de 12. Traitez Chimiques,

que Childe avoit compofez , &
qu'il avoit promis dè lui envoyer:
mais que ce dernier ayant manqué de parole , Starkey avoit compofé 12. Traitez en Anglois, fous
les mêmes Titres de ceux de Childe , ayant par ce moyen caufé
plufieurs maux par fes tromperies;
& qu'en 1665. il étoit mort de Pefte dans les Prifons de Londres,
où il étoit detenu pour fes dettes.
Il ajoûte que Starkey avoit 23. ans,
quand Childe lui donna l'Elixir ,
qu'il ne le connût qu'un an aprés,
qu'il n'eut fa familiarité que quand
il eut diffipé tout ce qu'il avoit ,
& que pour lors , lui & fes Amis
reconnurent à leurs dépens la vanité de fes paroles.

Rien n'eft plus plaufible ni mieux
controuvé que ce narré. Cependant fi Starkey avoit été Philalete. Et s'il étoit vrai qu'il fut revenu de l'Amerique à 23. ans , comme le dit l'Anonyme : ce retour

feroit arrivé en 1645. car Philalete dans la Preface de l'*Introïtus
apertus*, marque qu'il avoit 23. ans
en 1645. Mais ce qui découvre la
feinte de ce Voyage prétendu de
Starkey dans l'Amerique dans ce
tems-là : c'eſt que dans le premier
Chapitre de la troiſiéme Partie
de ſa Pyrotecnie, imprimée en 1658.
Starkey dit en mots exprés qu'en
1644. il commença ſes études de
Chymie ſur de ſi heureux fonde-
mens , & les pourſuivit avec tant
de ſatisfaction, que depuis ce tems-
là juſqu'en 1658. qu'il écrivoit , il
ne s'étoit point encore repenti des
14. ans qu'il y avoit employez. Il
ajoûte qu'il n'y eut pas fait un long
progrés qu'il ſe vit bien-tôt four-
ni d'un nombre conſiderable d'Auteurs qui en traitent : mais que ſon
but principal étant la Medecine
& qu'il ne vouloit pas chagriner
ſes Amis & ſes Tuteurs , il avoit
été obligé pour leur complaire de
perdre

perdre beaucoup de tems à l'étude
de la Philosophie ordinaire qu'il
méprisoit comme inutile. Cependant qu'ayant joints à l'Etude des
Auteurs Chymiques celle de Galien, de Fernel, de Sennert, &
de plusieurs autres habiles Medecins pour reconnoître ce qu'il y
pourroit rencontrer de bon, esperant par la Theorie des uns & par
la pratique des autres, de trouver une voye certaine de guerir les
Maladies ; & parce qu'il ne manquoit ni de lieu, ni de tems pour
la pratique, il avoit eû occasion
de reconnoître la vanité des promesses de plusieurs de ces Auteurs
par les effets, ce qu'il l'avoit obligé de recourir à d'autres ; & de
cette maniere quittant un Auteur
pour en prendre un autre, il avoit
été obligé de les voir tous, ou les
plus considerables.

Mais pendant des Etudes & des
Experiences de cette nature, on

B

ne peut faire des Voyages de long-
cours ; Auſſi ne lit-on pas dans les
Ouvrages de Starkey, qu'il eut fait
de ces ſortes de Voyages;outre qu'il
n'y a nulle aparence qu'il en ait
fait , ſelon ce que raporte l'Anonyme même. Car ſi Starkey &
Philalete n'ont été qu'une même
perſonne , comme il le prétend :
Starkey en 1645. auroit eu 23. ans,
& en 1644. il n'en auroit eu que
22. Or on demande ſi un jeune
homme fait un cours de Latin, de
Grec , de Rhetorique , de Philo-
ſophie & de Medecine en la maniere accoûtumée, & qu'il en prenne les Degrez , comme Starkey
reconnoit en plus d'un endroit de
ſes Ouvrages , qu'il les avoit pris;
on demande, dis-je, s'il en pourroit être quitte au deſſous de 22.
ans. Et ſi l'on en convient, où
pourra-t on placer , ces Voyages
prétendus de l'Amerique, qui demandent deux années , quand on

ne feroit qu'y aller & en revenir ?
Cependant on fait aller ce jeune
homme avec toutes ces Etudes
dans la nouvelle Angleterre ; on
lui fait faire habitude avec un Sçavant Adepte , qui lui donne de
l'Elixir , & lui fait voir non seulement ses Ecrits , mais qui lui pro-
met encore de les lui envoyer, &
il en aporte avec lui les Titres comme des Arrhes de cette prétendue
promesse. Tant de faits ne se pouvant executer dans un Voyage où
l'on ne feroit qu'aller & venir, de-
manderoient plusieurs années.

On ajoûte que ce jeune homme , de retour en Angleterre,
voyant que son Patron lui avoit
manqué de parole , s'étoit mis à
composer 12. Traitez de Chymie
en Anglois & en Latin , sous les
mêmes Titres de ceux de son Patron , qu'il avoit aportez avec lui
de l'Amerique. Or comme l'Anonyme dit que Starkey n'avoit que

23. ans quand il revint de l'Amerique , & qu'on peut recueillir de
fa narration , que ce ne fut pas
long-tems aprés ce retour que Starkey s'étoit aperçû qu'on lui avoit
manqué de parole. Il s'enfuivroit
de cela , que Starkey à 24. ou 25.
ans auroit compofé ces 12. Traitez;
lui qui remarque, qu'il n'avoit commencé l'Etude de la Chymie qu'en
1644. qu'il l'avoit continuée pendant 14. ans , & que pendant ce
tems-là , il n'avoit pas difcontinué
l'Etude de la Philofophie des Eco-
les , qu'outre cela il s'étoit encore apliqué à lire Hipocrates, Galien, Avicenne, Rhafis, Mefvé,Fer-
nel , Sennert, Paracelfe, Van-Helmont, & tous les autres Chimiftes.
Il ajoûte que pendant toutes ces E-
tudes, il avoit fait des experiences
continuelles ; qu'il avoit préparé
un grand nombre de Remedes,
& qu'il avoit toûjours exercé la
Medecine. D'ailleurs il avoit com-

posé son Traité de l'explication de la Nature & de la deffense de Van-Helmont, qu'il publia en 1657. sa Pyrotecnie qu'il mit au jour en 1658. Et son Alchimie Triumphante qui étoit un gros Volume Latin, qu'A-stel a reconnu avoir eu entre ses mains. De sorte qu'un jeune homme occupé de la sorte, auroit encore composé 12. Traitez Chimiques en Anglois & en Latin, tels que ceux que nous allons nommer, avant qu'il se fut exercé en Chymie : Car l'Anonyme reconnoit qu'il avoit eu permission de tirer copie de ces Traitez, dont il fait Starkey l'Auteur, sur l'Original de sa main, lorsqu'il eut sa familiarité, ce qui ne pouvoit pas être long tems aprés son prétendu retour de l'Amerique. Ces 12. Traitez sont : 1. *Ars metallorum meta-morphoseos.* 2. *Introïtus apertus ad oc-clusum Regis Palatium.* 3. *Brevis ma-nuductio ad Rubinum cœlestem.* 4. *Fons*

Chemicæ Philosophiæ. 5. *Opus Elixiris Aurifici & Argentifici.* 6. *Brevis via ad vitam longam.* 7. Un gros Commentaire fur tous les Ouvrages de Ripley. 8. Un Commentaire fur le Teſtament d'Arnaut de Ville-Neuve. 9. *De Caballa Sapientum*, ou l'expoſition des Hierogliphes des Mages. 10. *Breve manuductio ad Campum Sophiæ.* 11. *Elenchus errorum in Arte Chemica deviantium.* 12. *Et Medulla Alkimiæ*, qui contient deux Poëmes en vers Anglois, diviſez en ſept Livres, où ſe trouve tout ce qui regarde les Myſteres des Sages, tant en Theorie qu'en pratique.

Or tous ces Traitez étant fondez fur des experiences, & contenant la plus profonde érudition, & la plus excellente Doctrine qu'on ait encore vûë fur ces matieres, font ce me ſemble une preuve convaincante de l'impoſture de l'Anonyme, étant tout-à-fait im-

possible que Starkey eût pû composer tous ces Livres à 24. ou 25.
ans. Car si aprés ses Etudes il avoit
passé dans l'Amerique, & qu'à 23.
ans il en fut revenu, où seroit le
tems qu'il pourroit avoir eu, pour
lire un nombre prodigieux d'Auteurs Chimistes ; pour faire un
grand nombre d'experiences & de
reflexions pour entendre leurs Livres ; & pour en composer outre
cela le grand nombre que nous venons de marquer qu'on prétend
qu'il ait composez : & des Livres
aussi doctes, aussi excellens & aussi
bien suivis que le sont ceux qu'on a
marquez : & cependant que tout
cela auroit été fait avant qu'il eût
eu 28. ans. Il falloit nous prouver
qu'il avoit été inspiré avant que
d'en pretendre nôtre creance. Car
l'on met en fait qu'un parfait Artiste tres-éclairé dans la Chymie,
tres-docte d'ailleurs, & tres-versé
dans une longue lecture des Au-

teurs Chimiftes , ne pourroit les avoir compofez en douze ou quinze ans. Aufli avons-nous des preuves évidentes , que tout ce que conte l'Anonyme dans fa Lettre, n'eft au plus qu'un tiffu d'impoftures.

Starkey en 1654. & 1655. publia le Traité *Medulla Alchimiæ* fous le nom d'*Eireneus Philoponos Philaletes*, & foufcrivit de fon nom Anagrammatifé, les deux Préfaces des deux Parties de ce Traité. En 1658. il mit au jour fa Pyrotecnie prouvée , & la dédia au fameux Robert Boyle , qu'il apelle , dans fon Epître dédicatoire, fon bon Amy: le faifant reffouvenir qu'il n'avoit eu l'honneur de fa connoiffance, que par l'entremife de leur Amy commun, le Docteur Robert Child. Or on ne pourroit pas foupçonner Starkey de menfonge , dans cette Lettre , fur un fait qu'il raconte à Boyle , qui le fçavoit comme lui.

Et

Et s'il est constant que Boyle ait
été Amy de Child & de Starkey,
comme le prouve cette Lettre ; il
les aura connus tous deux, & n'aura pû ignorer que Childe ait été
Adepte, qu'il ait composé plusieurs
Traitez de Chymie, qu'il ait donné de l'Elixir à Starkey, & que ce
dernier par la plus lâche perfidie
dont un homme puisse être capable, auroit composé plusieurs Ouvrages, qu'il auroit communiquez
à ses Amis, comme des Ouvrages
de Child ; si tout ce que raporte
le Medecin Anonyme, dans sa Lettre, étoit vrai. Mais si cela avoit
été de la sorte, est-il à présumer
que Boyle, qui étoit de probité
& de qualité, auroit souffert qu'un
fourbe, un imposteur, un filou,
l'eût apellé son Amy dans une Lettre dédicatoire, pour le rendre en
quelque façon fauteur, ou le Pro-
tecteur de ses friponeries : je ne
pense pas, que cela se compren-

C

ne aiſément.

D'ailleurs Aſtel Medecin de
Londres , publia en 1675. c'eſt à
dire neuf ou dix ans aprés la mort
de Starkey, le Traité de la Liqueur
Alkaeſt compoſé par Starkey , &
le dédia à Robert Boyle , à cauſe
que l'Auteur lui avoit dédié de ſon
vivant ſa Pyrotecnie , où il avoit
déja entamé la même matiere. Or
cet Aſtel qui reconnoit dans
ſa Preface , qu'il avoit été Amy
& Diſciple de Starkey , juſques
à devenir le dépoſitaire de ſes Ouvrages : ſe ſeroit-il fait honneur
par cet aveu, ſi ce que l'Anonyme
avance de Starkey avoit été veritable , lui qui ne l'auroit pû ignorer , ayant frequenté Starkey pendant un long-tems ? Auroit-il, dis-
je , été aſſez hardi de dédier à Boyle l'Ouvrage d'un homme que Boyle auroit dû avoir en execration,
l'Ouvrage d'un filou , d'un mal-
honnête homme ? On laiſſe au

Lecteur à faire ses reflections , sur
ces considerations.

L'Anonyme prétend que Star_
key ait été l'Auteur des Livres qui
courent sous le nom de Philalete :
il ne pouvoit lui faire plus d'hon_
nenr. Car bien qu'on soit obligé
de reconnoître que Starkey ait
été sçavant & habille homme :
s'il avoit été l'Auteur de ces Li_
vres il l'auroit été encore davan_
ge. Or peut-il tomber dans le bon
sens , qu'un homme aussi éclairé
& aussi habile , que l'Anonyme
veut que l'ait été Starkey , par
ses prétentions , seroit tombé dans
l'aveuglement, d'aller écrire cruel_
lement contre les Medecins de
Londres ses Confreres ; contre des
gens , qui n'auroient pû ignorer ,
les contes que fait l'Anonyme de
sa conduite , puisque l'Anonyme
qui les sçavoit étoit un d'eux. Et
si ces contes avoient été veritables
& connus de ceux qu'il attaquoit,

que pouvoit il attendre de ſes Diſ-
cours Satyriques , qu'une réponſe
qui l'auroit chargé de confuſion.

Ajoûtons qu'en 1669. un Studieux Chevalier Anglois , Auteur
de pluſieurs Ouvrages Chimiques
curieux , & qui ne vouloit être
connu que par cesdeux Lettres VV.
C. & par cet Anagramme : *Lau-
rum amicè eligis , Rus* : mit au jour
le Traité de Philalete en Anglois,
intitulé Secrets Revealed : qui eſt
proprement l'*Introïtus apertus* en
Anglois ; & le déuia au Lord Lucas Baron de Shenfield en Eſſex.
Or dans ſon Epître dédicatoire du
15. de Septembre 1668. il dit à ce
Baron , qu'il ne faiſoit pas de doute , que ce rare Phœnix de ſçavoir,
ce jeune Anglois , qu'il croyoit encore vivant, il entendoit Philalete,
quoique peut-être inconnu à ſa
grandeur , ne captivât plûtôt ſon
affection , que tout ce qu'il pour-

roit dire en sa faveur. Et dans son
Epître au Lecteur il ajoûte qu'il
avoit été possesseur du Manuscrit
Anglois du sçavant Anonyme, qu'il
publioit, long-tems avant la publi-
cation que Langius en avoit faite
en Latin en 1666. Et voici l'Eloge
qu'il fait de Philalete & de son Ouvrage : Je suis, dit-il, obligé de té-
moigner avec Langius, que je n'ay
jamais lû, d'Auteur plus clair, ny
plus sincere, dans toutes les Operations de l'Art : mais ce qu'il y a
de plus admirable en lui, & qui demande le plus nôtre veneration,
c'est sa candeur sans envie, en un
âge si tendre, à ving-trois ans : c'est
à dire en un Enfant, mais en un veritable Enfant de l'Art, aussi-bien
que de la Nature. Et j'ose dire de
plus & avec assurance, en un veritable Enfant de Dieu : qui à l'e-
xemple de Jesus-Christ nôtre illustre Maître & Docteur, merite
d'être placé entre les plus graves

& les plus sçavans Docteurs. Cet
Auteur par une grace singuliere,
ayant accompli le grand Ouvrage des Sages, dans ses plus tendres
années, nous marque, que la Sa-
gesse lui tenoit lieu de cheveux
gris. Je n'en dirai pas davantage :
car qu'en dire, que vous ne trou-
viez pas en effet par la Lecture de
ce Divin Auteur, ou qui n'en ait
pas été déja dit, par le sçavant
Langius.

Ce même Chevalier, dans son
Epitaphe Philosophique qu'il publia en 1670. & qu'il dédia à son
Amy Elie Ashmole Ecuyer Heraut
d'Armes & Controleur des Exci-
ses d'Angleterre, grand amateur
des Chimistes, & Auteur du Thea-
tre Chymique Anglois : ce même
Chevalier, dis-je, dans sa Lettre
dédicatoire, apelle encore Philalete le Phœnix Anglois & l'Elie
Artiste, Anonyme. Et dans sa Traduction Angloise du *Vitulus Aureus*

de Helvetius , qu'il mit au jour en 1673. dans fa Lettre au Lecteur, il l'apelle rare Anonyme , miracle de la Nature, qui vint à bout du grand Elixir à vingt-trois ans en 1645. & qui avec toute aparence eſt encore vivant.

Or on demande ſi ce Curieux Chevalier qui avoit vécu du tems de Starkey , qui lui avoit ſurvécu, qui étoit Amy d'Ashmole , & qui comme lui frequentoit les Chimi-ſtes, les favoriſoit , & ſçavoit les déterrer. Lui qui liſoit les Traitez de Philalete , qui en avoit publié un , qu'il ne pouvoit avoir eu , que par l'entremiſe de Starkey , auroit pû ignorer tout ce que conte le Medecin Anonyme dans ſa Lettre, ſi ce qu'il y dit avoit été vrai ? Cependant il paroit ſi peu perſuadé que Starkey ait été l'Auteur des Livres qui couroient de ſon tems ſous le nom de Philalete , qu'en 1669. trois ou quatre ans aprés la

mort de Starkey, qu'il ne pouvoit a-
voir ignorée, il met au jour l'*Introïtus apertus* en Anglois fous le nom
de Philalete , & marque au Lord
Lucas dans la dédicace qu'il lui en
fait , qu'il croyoit que cet Anonyme étoit encore vivant. Et dans
la Lettre au Lecteur, de fa Traduction du *Vitulus aureus* , qu'il publia
en 1673. il apelle Philalete le rare
Anonyme , le miracle de la Nature , qui vint à bout du grand Elixir à vingt-trois ans en 1645. & dit
qu'avec toute aparence , il étoit
encore vivant quand il écrivoit
cette Lettre.

D'ailleurs , s'il avoit crû que
Starkey eût été un Impofteur &
l'Auteur des Livres de Philalete ,
comme le Medecin Anonyme l'a-
vance , auroit il traité l'Auteur de
ces Livres de Divin Auteur, d'Enfant de la Nature , d'Enfant de
Dieu & d'Anonyme ? Rien ne découvre mieux la calomnie de ce

Medecin que le témoignage de ce Curieux Chevalier. Nous ne laiſſerons pas neanmoins d'en raporter encore quelques autres.

Guillaume Cooper fameux Libraire de Londres , raporte en 1677. dans un Avertiſſement qui ſe trouvre à la fin des Commentaires de Philalete ſur l'Epître de Ripley au Roi Edouärd : que Philalete étoit reconnu de tout le monde pour un Anglois & pour un Adepte ; & que perſonnne ne doutoit qu'il ne fut pas encore vivant & en Voyage , n'étant âgé que de 55. ans ; mais que pour ſon nom , on n'en avoit aucune connoiſſance. Ce témoignage , en quelque maniere public eſt bien opoſé aux calomnies de la Lettre du Medecin Anonyme , qui portent que Starkey étoit l'Anonyme Philalete. Sans doute qu'il n'y avoit que luy , qui ſçavoit la confidence entre Childe & Starkey , & les autres

intrigues qu'il ourdit dans fa Lettre , parce qu'il les avoit controu-
vées , & qu'il en étoit l'Inventeur.
Examinons un autre trait de fa
narration.

Il dit, que Starkey en 1665. mourut de la Pefte , dans les prifons de
Londres , où il étoit detenu pour
fes dettes. Or fi ce fait avoit été
conftant , qui auroit pû mieux le
fçavoir , que le Libraire dont nous
venons de parler , qui avoit imprimé plufieurs Ouvrages de Philalete & de Starkey : ces fortes de gens,
étant curieux de s'inftruire du fort
des Auteurs & d'en conferver la
memoire : témoin cet endroit d'un
Avertiffement qui fe trouve dans
les Commentaires de Philalete fur
les Ouvrages de Ripley , après l'E-
pître au Roy Edoüard , où ce même Libraire fait le dénombrement
des Ouvrages de Philalete , & où
il dit que Starkey en avoit marqué la plû-part , dans fa Preface

sur le Traité *Medulla Alchimiæ* de
Philalete ; nous découvrant par là
que Starkey étoit l'Auteur de cette Preface, encore qu'il n'y fut
nommé que par des Anagrammes.
Or si ce fait , dis-je , que raporte
l'Anonyme , avoit été veritable , il
auroit été trop éclatant pour avoir
été ignoré de ce Libraire. Cependant Cooper à qui ce fait n'auroit
pû être inconnu ; dans un Avertiſſement qui ſe trouve à la fin d'un
petit Traité du Soulphre , compoſé par Starkey , qu'il réimprima
en 1683. dit en mots exprés & comme en étant bien informé , ce ſont
ſes paroles , que Monſieur Starkey mourut de la peſte en 1665.
s'étant hazardé de diſſéquer le ca-
davre d'un homme , qui étoit mort
de cette dangereuſe maladie : ajoûtant que Monſieur Tompſon avoit
fait la même choſe avant lui , mais
avec plus de bon-heur , ayant
vécu pluſieurs années aprés ,

au lieu que Monſieur Starkey en
mourut malheureuſement.

Le tems de l'empriſonnement
prétendu que mourut Starkey ne
ſeroit pas moins difficile à découvrir, que le tems qu'il voyagea dans
l'Amerique , & qu'il employa à
compoſer les 12. Traitez prétendus
ſous le nom de Philalete. L'Anonyme convient avec Cooper, que
Starkey mourut en 1665. On trouve qu'en 1663. il compoſa l'Apendix du Traité intitulé l'*Ignorant
Alchimiſte* où il découvre qu'il é-
toit l'inventeur des Pillules qui ont
tant fait de bruit en Angleterre , &
dont le nommé Matthieu ſe faiſoit honneur. A la fin de l'année
1664. il fit imprimer à ſes dépens
l'Examen & la Cenſure de pluſieurs Medicamens qu'on vantoit
pour des Arcanes ou Remedes uni-
verſels. Et le Medecin Aſtel dans
ſa Preface ſur le Traité de l'Alkaeſt compoſé par Starkey , re-

marque, que quand Starkey mourut, il ne faisoit que de sortir de
ces nuages épais, qui avoient toûjours caché son merite, sa vie ayant
été traversée de troubles & d'en-
nuis; mais que quelque mois avant
sa mort, il l'avoit vû possesseur
d'une Medecine mercurielle dont
les effets lui meritoient le nom
d'Arcane. Ce qui ne se peut pas
accommoder aisément avec un
homme en prison & qui y meurt de
la Peste en 1665.

Disons maintenant un mot des
manieres de Starkey, & voyons si
l'on y pourra reconnoître quelque
chose qui favorise l'idée desa-
vantageuse, que la Lettre de l'A-
nonyme donne de lui. Nous ne
sçaurions ce me semble les mieux
reconnoître que dans le caractere
qu'il nous a donné d'un veritable
Artiste dans le 5. Chapitre de sa Pyrotecnie. En voici la Traduction.

Celui, dit-il, qui desire être ve-,,

„ritable Enfant de l'Art , doit se
„résoudre de s'y donner tout en-
„tier, & à ne le poursuivre qu'en
„vûë du service de Dieu. Il doit
„joindre à la priere, une Medita-
„tion serieuse, & une diligente in-
„dustrie, s'il veut obtenir la veri-
„table connoissance. Son but doit
„être la charité envers les Mala-
„des & les foibles , & Dieu le be-
„nira. Mais celui qui par pure A-
„varice , ou par pure vanité re-
„cherchera nos Mysteres, se trou-
„vera souvent frustré de ses desirs.
„C'est pourquoi nous pouvons di-
„re, que la vraye Medecine , est
„un Art sacré , serieux, & secret,
„qui demande un homme tout en-
„tier. Et comme on le doit recher-
„cher pour des fins charitables;
„il ne doit être employé qu'en
„vûë de glorifier Dieu , en fai-
„sant du bien. C'est pourquoi il
„se rencontre plusieurs obstacles
„dans la Recherche de la vraye

connoiſſance , dont les Aſpirans „
doivent être informez, afin qu'ils „
puiſſent ſoigneuſement les évi- „
ter. „

   1. La negligence de la Priere. „
Si l'Artiſte n'implore pas ſerieu- „
ſement la benediction de Dieu, „
comment pourra-t-il attendre de „
la réüſſite dans les Recherches „
des Myſteres de la Nature ; puiſ- „
que tout don excellent vient d'en- „
haut du Pere des Lumieres ? Ce „
n'eſt pas la lecture des Livres, „
ni la penible recherche par le „
feu , qui peut produire aucun „
bien , mais la ſeule benediction du „
Tout-puiſſant , que nous devons „
implorer par nos prieres journal- „
lieres. „

   2. Une vie vitieuſe , une mé- „
chante converſation, ne rendent „
pas ſeulement les efforts de l'Aſ- „
pirant inutiles , mais elles le dé- „
tournent encore des Recherches „
induſtrieules. Car celui qui eſt „

„ une fois foüillé de vice , ne pour-
„ ra jamais appliquer ferieufement
„ ni comme il faut, fon efprit à quel-
„ que chofe d'ingenieux & d'hon-
„ nête.

„ 3. La pareffe ou la negligen-
„ ce. Comme celui qui voudroit
„ recüeillir une abondante moif-
„ fon , & ne voudroit pas labourer
„ fa terre, ni l'enfemencer. Cette
„ faute eft commune à plufieurs,
„ qui ne pouvant obtenir une cho-
„ chofe fur une fimple lecture , ou
„ par un feul effai , perdent coura-
„ ge , & en abandonnent l'entre-
„ prife.

„ 4. L'orgüeil, ou la bonne opi-
„ nion de foi-même , qui fait que
„ l'on s'imagine fçavoir tout. Et fi
„ l'on a quelque teinture de Chy-
„ mie , on penfe qu'on ne le doit
„ pas ceder à Hermes , ou à Para-
„ celfe. Deforte qu'on pourroit di-
„ re de ces fortes de préfomptueux,
„ ce que Seneque a dit d'une autre
„ forte

forte de perſonnes: Que pluſieurs ,,
auroient pû arriver à la vertu, s'ils ,,
ne s'étoient pas imaginez qu'ils ,,
y étoient déja parvenus. *Multi ad* ,,
virtutem pervenire potuiſſent , niſi ſe ,,
putaſſent perveniſſe. ,,

   5. Enfin la convoitiſe, ou plûtôt ,,
l'Avarice : Quand on ne veut pas ,,
riſquer ſon argent dans la re- ,,
cherche des choſes excellentes ; ,,
quand on ſe contente d'une pra- ,,
tique éclatante ſuivie d'un gros ,,
gain , exempte de cette laboricu- ,,
ſe dépenſe ; quand on prend la ,,
voye la plus aiſée de profiter , & ,,
que lon compte le gain de l'ar- ,,
gent doux , quoi qu'acquis par la ,,
ruine des familles & des mala- ,,
des. Verifiant par cette condui- ,,
te la baſſeſſe de cet Empereur, qui ,,
diſoit que l'odeur du profit étoit ,,
douce , de quelqu'endroit qu'el- ,,
le vint. *Dulcis odor lucri , ex re qua-* ,,
libet. ,,

   ,, Mon Avis eſt que toutes ces ,,

D

„ fortes de Perſonnes ne ſe doivent
„ point mêler de nos Secrets ; ils
„ n'ont pas été faits pour eux. Mais
„ ſupoſé Amy Lecteur , que vous
„ ſoyez pieux, diligent, humble &
„ charitable , je veux bien à cette
„ condition être vôtre guide , au‑
„ tant qu'on le peut être l'un à l'au‑
„ tre ſans violer les Loix de la Phi‑
„ loſophie , qui ſont d'écarter de
„ cet Art , autant que nous le pou‑
„ vons, les perſonnes qui en ſont in‑
„ dignes.
„　On laiſſe à penſer au Lecteur , ſi
l'on peut comprendre qu'un hom‑
me d'eſprit , un Medecin public
coupable des choſes qu'on repro‑
che à Starkey , pourroit ſe reſou‑
dre d'écrire publiquement & ſous
ſon nom ce que nous en venons
de raporter , aprés s'être attiré
par des Satyres publiques la haine
d'un grand nombre de Perſonnes
qui le pouvoient connoître à fond
comme étant de même Profeſſion,

& qui pouvoient le faire taire en lui reprochant ses méchantes actions, si ce que le Medecin Anonyme dit de lui avoit été vrai.

Mais pour faire voir que Starkey n'avoit pas vécu dans une aussi méchante réputation parmy les Medecins de Londres que l'Anonyme vouloit l'insinuer, nous raporterons le témoignage de Thompson l'un d'eux, illustre par ses Ouvrages, & qui échappa le malheur que Starkey ne pût éviter. Ce Medecin cite avec Eloge les Ouvrages de ce dernier dans son Traité *Epilogismi Chimici observationes*, imprimé à Londres en 1673. ce qui ne lui auroit pas fait d'honneur, si le caractere qu'en a donné l'Anonyme avoit été veritable. *De Salis Tartari volatilisatione*, dit-il, *Doctoris Starkey Philosophi inclyti Pyrotecniam consule.*

Je pense qu'en voila suffisamment pour découvrir l'imposture

de l'Anonyme , & pour justifier
l'innocence de Starkey. Voyons
maintenant si ce qu'a dit Hornius
au désavantage des Ouvrages de
Philalete à quelque chose de plus
solide que ce qu'a dit le Medecin
Anonyme au préjudice de l'honneur de Starkey.

Hornius donc, nous l'avons déja
dit, prétend que l'Ouvrage de Philalete , il entend l'*Introïtus apertus,*
est un Ouvrage tout Sophistique
& controuvé. Et la belle raison
qu'il en donne , c'est dit-il , que
plusieurs personnes en ayant fait
l'experience inutilement y ont perdu leur tems & leur argent. Le
Sçavant Becherus dans le Suplé-
ment de la Physique soûterraine,
imprimée en 1671. répondit judi-
cieusement à l'endroit de la Dif-
sertation de Hornius , dont nous
,, venons de parler , en disant , qu'il
,, auroit été à souhaiter , que Hor-
,, nius eût publié les Ouvrages de

Geber plus corrects, & qu'il auroit été meilleur qu'il eût laissé
les Ouvrages d'autruy sans y toucher que de s'amuser à apeler
l'Anonyme Philalete, Sophiste,
à cause qu'il y avoit déja plusieurs années qu'il avoit composé son Ouvrage, puisque pour
la même raison, le Geber de
Hornius qui étoit bien plus ancien que l'Anonyme, seroit aussi
un Sophiste. Mais que la Poste-
rité n'aprouveroit jamais la conduite de Hornius, de l'avoir pri-
vée si long-tems d'un si grand
Tresor. Que nous étions bien plus
redevables à Langius qu'à lui, qui
nous en avoit déja favorisé.
Qu'au surplus, pourquoi apeller
Sophistique & controuvé un Ouvrage à cause que plusieurs y ont
perdu leur tems & leur argent,
n'ayant pû en rien executer ? A
ce compte les Livres Chimiques,
& notamment ceux de Geber

„ feront des Ouvrages Sophiftiques:
„ car il eft certain qu'aucun d'en-
„ tre les Artiftes ordinaires, on ne
„ compte pas Hornius qui ne mit
„ jamais la main à la pincette , n'a
„ jamais pû tirer aucun avantage
„ des Ecrits de Geber. Auffi le
„ Compte Trevifan ne craint pas
„ de le traiter de pur Sophifte. Voici le Latin de Becherus : *Optandum
fuiſſet , Hornius Gebrum correctius
edidiſſet , & aliorum labores intactos
reliquiſſet , aut non Anonymus ille Sophiſticus ? quia ante multos annos opus
ſuum conſcripſit , eadem ratione &
Hornii Geber , qui multò antiquior
eſt , Sophiſticus erit , nec bene Hornio
poſteritas vertet , quod eam tamdiu
tanto theſauro privârit , plus debemus
Dn. Langio , qui illo nos beavit , dein-
de cur Sophiſticum , cur commentitium
ſcriptum vocat ? ideò quia multi cum
temporis & ſumptuum cum facturâ ,
nihil inde elaborare poterant , hoc cer-
tè nomine , omnes Chymicorum &*

imprimis Gebri libri , Sophiſtici erunt ,
neminem enim communium Laboran-
tium , (interquos ne Hornius quidem
numerandus venit , ut pote qui nihil
practicè laboravit ,) unquam quic-
quam utilitatis ex Gebro hauſiſſe cer-
tum eſt , adeo ut ipſe Comes Bernar-
dus , vix & ne vix quidem , illum pro
Sophiſtâ plenè pronuntiet.

Et l'Auteur de la Biblioteque „
des Philoſophes Chimiſtes, Im-„
primée en 1672. dit dans ſa „
Preface , parlant de l'*Introï-*„
tus apertus de Philalete , que „
c'eſt le dernier Traité qui ait été „
fait ſur la pierre philoſophale ; „
mais le meilleur qui ait encore „
paru. Car il dit des particulari-„
tez du Mercure des Philoſophes , „
de ſa préparation & de ſa compo-„
ſition , que perſonne n'avoit dites „
avant lui. Il a écrit de nôtre tems, „
& il doit être encore vivant, puiſ-„
qu'il a ſçû la Science en 1645. la „
vingt-troiſiéme année de ſon A-„

„ge. Et qui fçait fi ce n'eft point
„lui, qui donna il y a quatre ans,
„gros comme un grain de millet
„de poudre à Helvetius à la Haye?
„Hornius dit dans fa Diſſertation,
„que fon Livre eſt un Ouvrage
„tout Sophiftique & controuvé,
„parce que plufieurs en ont fait
„l'experience inutilement, & qu'ils
„y ont perdu leur tems & leur ar-
„gent. Mais ces gens-là n'ont aſ-
„furément jamais fait le Mercure
„des Philofophes. Et tout ignorant
„que je fuis en cette Science, je foû-
„tiens que ceux qui l'ont voulu é-
„prouver, ne l'ont jamais entendu:
„& ainfi ils ont tort de blâmer
„comme Impofteur un Livre qu'ils
„n'entendent pas.

Ajoûtons aux raifons de ces Auteurs, qu'il falloit que Hornius,
pour faire valoir la fienne, nous
prouvât que ces Perfonnes qui a-
voient perdu leur tems & leur argent en éprouvant l'Ouvrage de
Philalete,

Philalete , en avoient entendu les
Myſteres. Il falloit nous dire s'ils
avoient vû ſon Traité d'experiences ſur la préparation du Mercure
Philoſophique qui n'a été imprimé qu'en 1678. ou le Traité d'A-
lexandre Van-Suĉten *De Myſteriis
Antimonii* , qui avoit écrit de ces
préparations long-tems avant Phi-
lalece. Outre qu'il falloit nous dire de quel Mercure ils s'étoient ſer-
vis , & s'ils avoient ſçû les tours
de main de l'union des matieres
qui doivent compoſer ce Mercure,
ſans leſquels il ne ſe dépoüille point
de ſes impuretez , & ne ſçauroit
s'empreindre du Soulphre aĉtif
dont il manque , pour devenir le
Mercure des Sages. Il ne faut pas
condamner ce qu'on n'entend pas.
Et c'eſt tres-mal raiſonner de conclure qu'un Ouvrage ne vaut rien,
parce qu'on n'a pû y réüſſir , ou
qu'on n'a pû l'executer.

On manque ſouvent des Ouvra-

E

ges dont on connoit toutes les matieres, les doses, & mêmes les
regimes du feu, mais on ne doit
pas pour cela, conclure que ces
Ouvrages soient imaginaires ou
Sophistiques, bien loin de le devoir conclure de ceux dont on
ignore tout cela, ou une grande
partie. Le fameux Boyle qui à passé pour l'un des plus grands Artistes de nôtre tems ; remarque
dans son Traité, *De infide experi-
mentorum successu*, qu'ayant essayé
de joindre l'Esprit de Vin à l'Esprit d'Urine pour faire l'Offa, dont
parle Van-Helmont, dans son
Traité de *Lythiasi*, il l'avoit manqué plusieurs fois ; mais que ne
pouvant comprendre qu'un homme du poids de Van-Helmont en
eût voulu donner à garder, il s'é-
toit obstiné à en réïterer les es-
says tant de fois, qu'il en étoit
enfin venu à bout. J'ay connu des
Artistes qui n'ont jamais pû réüs-

fir à faire le régule étoilé ; j'en ay
connu d'autres qui ont manqué
plufieurs fois la Teinture de Tartre. Cependant il feroit ridicule
de dire que l'Offa de Van-Helmont, le Régule étoilé, & la Teinture de Tartre feroient des Ouvrages Chimeriques & Sophiftiques,
parce que plufieurs perfonnes en
ayant fait les effays y ont perdu
leur tems & leur argent : Mais on
pourroit judicieufement conclure
de ces difficultez que les Operations Chimiques ne font pas aifées,
qu'il y en a qui ne font pas feulement difficiles, mais impoffibles
pour bien des gens, encore qu'elles ne le foient pas pour tous ; &
qu'il y a bien de la témerité à s'en
vouloir mêler, quand on n'en fçait
pas toutes les bréves & les longues.

Mais fi la Lettre du Medecin
Anonyme ne contient que des impoftures, & fi Hornius a jugé de ce

qu'il n'entendoit pas : Starkey ne
sera plus Philalete, ni l'Auteur des
Livres de l'exellent Anonyme Anglois, il ne sera plus un fourbe, un
imposteur, mais un sçavant Chi-
miste ; un honnête Medecin. Et
les Ouvrages de Philalete ne seront
plus des Ouvrages Sophistiques que
pour ceux qui ne les entendent pas.
Et les Chimistes qui liront avec
soin ce que nous avons raporté de
ces Auteurs reconnoîtront aise-
ment qu'il s'en rencontre peu de
leur Caractere, & des Ouvrages
desquels on puisse plus tirer de lumiere que des Ouvrages de ces
deux excellens Artistes.

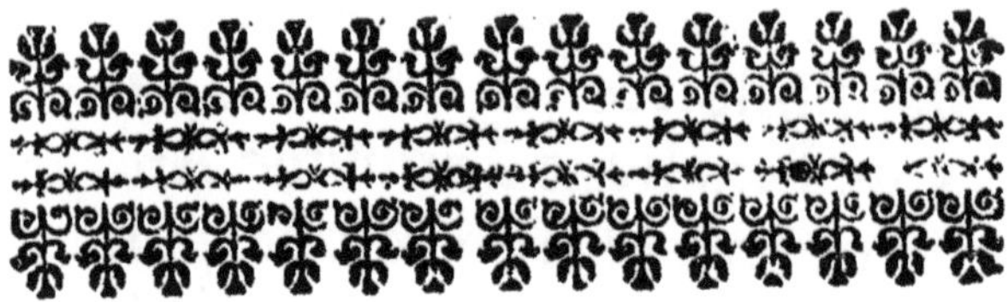

EXTRAITS DU TRAITE'.

Explication de la Nature , & Deffenfe de Van-Helmont écrit en Anglois par George Starkey , & Traduit en François. De l'Epître au Lecteur.

L E Sel de Tartre volatilifé , ou réduit en un Elixir fpirituel avec des huiles effentielles , eft un Correctif de tous les venins des Vegetaux fans exception. C'eft pourquoi il eft une clef pour rendre évidentes les excellences fpecifiques des Vegetaux.

Par le Sel de Tartre volatil , tous les poifons des Vegetaux font tellement corrigez , qu'il ne laiffent en eux aucune trace de venin ; & cela fans autre decoction , qu'une digeftion à chaleur pareille à celle du Soleil ? & en peu de tems ils font réduits en un Sel criftaliſe comme le Sucre candi , teint de la couleur du ſimple , & qui conſerve autant du goût & de l'odeur , que le *Magnum oportet* , ou la vie moyenne en retient.

DU CHAPITRE III.

L'Agreable huile ou *Ladanum* de Mercure, fixe comme l'Or , & doux comme le Miel , dés ſa premiere fixaxion , & qui étant corallé , eſt l'Arcane Corallin de Paracelſe ; appellé Mercure précipité doux , qui par cohobation avec l'Alkaeſt devenu volatil & doux comme du Miel ; & parce qu'il eſt anodin , on l'apelle *Ladanum Mercurii* & ſouvent Mercure doux. Il ne peut plus être révivifié en Mercure coulant que par le même artifice qu'on révivifie l'Or & qu'on en découvre la profondeur centralle Mercurielle......

Pour l'Arcane Coralin, qui eſt le Diaeeltateſſon de Paracelſe , & ſon Mercure précipité par la Liqueur Alkaeſt, corallé par l'eau de blanc d'œufs ; qui purge par le ſiege ; & qui guerit les Fiévres , la Pleureſie , l'Hydropiſie , &

tous les Ulceres internes & externes. La
Verolle, les Goutes ; son operation est pur-
gative , mais pour autant de tems seulement que dure la Maladie......

L'Or horisontal , qui est le même es-
sentiellement que le Mercure Corallin ,
guerit toutes les Maladies susdites sans
purger par bas. Le *Ladanum* fait la même chose , c'est l'huile douce de Mercure , c'est à dire le vrai *Ladanum* de Paracelse & de Van-Helmont fait sans
Opium , qui n'est que du Mercure co-
hobé avec l'Alkaest jusqu'à ce qu'il soit
volatil , & pour lors l'huile douce ou
Teinture du Soulphre separé du centre
de ce Mercure est le *Ladanum* de Mercure , qui guerit toutes les Maladies *in
tono unisono ,* comme parle Van Helmont,
& sans purger par le siege......

Plusieurs simples cachent sous le mas-
que de venins de grandes vertus , que
l'aparence du poison préserve des mains
des Imprudens, comme le Dragon éveillé gardoit les pommes des Hesperides ;
ou comme l'épée flambloyante d'un Cherubin gardoit l'abord de l'Arbre de Vie.

Ainsi dans l'Helebore, sous le poison
grossier qui cause le vomissement avec
les convulsions de l'estomach & des nerfs,

est caché un excellent Remede contre la
Melancolie hypocondriaque , contre la
Goute , l'Epilepsie , les convulsions, &
les Fiévres tierces & quartes qui sont
l'oprobre des Medecins.

Dans la Coloquinte , sous un venin
laxatif est caché un excellent Febrifuge.
Dans les racines de l'Asarum ou Cabaret se trouve un Remede doux contre
les Fiévres lentes , & longues. J'en peux
dire de même de l'*Opium* & de plusieurs
autres simples. . . .

Il se trouve de grands Arcanes dans
la Nature que l'on peut préparer par
l'Alkaest : Mais comme cette Liqueur
n'est pas à la disposition de tout le Monde : je ne voudrois pas porter les jeunes
Artistes a rêver tellement à sa recherche
qu'ils negligeassent des Secrets bien plus
aisez : car il est certain que par des Secrets aprochans , les mêmes Maladies
peuvent être gueries , non pas si prom-
ptement , ni si universellement que fait
l'un des grands Arcanes , qui guerit éga-
lement toutes les Maladies , mais en un
peu plus de tems , avec plus de soin ,
quoiqu'avec autant de certitude.

C'est pour cela que je ne dirai rien ici
des préparations qui se font par l'Alkaest,

& que je viendrai aux clefs aprochan-
tes ou fuccedannées de cette Liqueur,
que toutes les perfonnes induftrieufes
peuvent aifément obtenir avec la benediction de Dieu. . . .

Si vous ne pouvez pas attaindre à la
préparation de l'Alkaeft , aprenez , dit
Van-Helmont , à volatilifer les Alcalis
afin que par leur moyen , vous puiffiez
faire vos diffolutions.

Car les Alcalis volatils felon la Doctrine de Van - Helmont , font d'une
vertu furprenante , jufqu'à égaler la
vertu des grands Arcanes , à caufe de
leur pénetration. Toute autre chofe ne
pouvant attaindre où ils ne peuvent pénetrer.

Je n'en dirai neanmoins ici , qu'autant qu'il fera neceffaire pour la direction des perfonnes induftrieufes , afin
qu'ils puiffent découvrir plufieurs Secrets.
de la Nature , entre lefquels il y en a
d'excellens , non feulement pour leur
fpeculation , mais encore pour l'aplication
qu'on en peut faire.

Sçachez donc que les Alcalis , font
les Sels faits des Vegetaux combuftibles,
fixez par l'activité du feu , qui étoient
volatils avant qu'on les brûlât & qui

font purement fixez dans la combuſtion.
Dans ces Sels la vertu ſeminale eſt totalement éteinte : qui eſt l'effet de l'operation propre du feu ſur tout ce qu'il
peut ſurmonter. Deſorte qu'il ne leur
reſte que la vertu ſaline, diuretique &
déterſive, qui emprunte du feu une
qualité ignée & corroſive, par laquelle
ils contiennent une petite hoſtilité ou
reſiſtance contre l'eſtomac.

Je connois pluſieurs Chimiſtes qui tien-
nent avec Quercetan, que les principes
ſeminaux ſont incorruptibles au feu. Mais
j'ayme mieux ſuivre le ſentiment de
Van-Helmont qui croit le contraire, &
que l'experience m'a fait reconnoître veritable pluſieurs fois.

Je demeure d'accord que les Alcalis
different les uns des autres en genres &
en eſpeces, puiſque l'operation d'un
Agent eſt reçûë dans le patient, *per
modum recipientis.* Ainſi que l'action
uniforme de brûler dans les pierres y
produit une ſorte d'Alcalis ou chaux ;
dans les écailles d'huitres une autre ; dans
les Arbres une autre ; dans les Plantes
une, &c. Et que cette diſtinction ne
conſiſte point neanmoins dans les qualitez formelles, ſeminales & balſamiques

du ſujet , mais en une ou en d'autres qualitez déterminées par les formes ſpecifiques encore qu'elles expirent elles-mêmes dans cet acte de détermination ; & qu'elles laiſſent le Sel quant à la premiere intention d'Alcali , du genre des autres Sels faits par le feu , bien que diſtingué de tous les autres ſelon ſa capacité de reception de l'activité de l'Agent dans le Patient , dont la forme ſpecifique donne à l'Alcali une certaine diſtinction en déterminaiſon encore qu'à ſa propre extinction,

Tout ce qui demeure donc du premier concret, dans l'Alcali n'eſt que bien peu (du *Magnum oportet*) de ſa vie moyenne. Ainſi les Alcalis different les uns des autres , encore que dans leur premiere intention , ils ſoient tous de même nature & de mêmes qualitez. Et c'eſt pour cela que l'Alcali de Tartre a obtenu le nom de (*Reſpublica Alcalium*) la Republique des Alcalis ; toutes les vertus qui ſe rencontrent dans tous les Alcalis, pouvant être démontrées , ſe rencontrer dans l'Alcali du Tartre.

Car le feu n'ayant aucune puiſſance feminale , fait effectivement ce qui dépend de lui encore que ce ne ſoit pas eſficiemment. Car le Sel, à parler Philosophiquement, dans l'action de la furie de Vulcan s'empare du Soulphre son voisin, & parce qu'ils étoient tous deux volatils auparavant, ils se fondent ensemble en un Sel, & de cette maniere se fixent en un corps Alcali.

Delà vient que les Alcalis sont aisément volatilisez, leur generation, ne procedant point de principes seminaux; n'étant qu'un déguisement volontaire, qui vient du Sel & du Soulphre que le composé prend, pour mieux resister à la furie du feu. De la même maniere que le Mercure par une simple circulation au feu se déguise volontairement en un précipité rouge un peu fixe.

C'est là la conduite de cette generation irreguliere, encore la production en est elle bien excellente, principalement si ce corps fixe est remis en une substance volatile.

Ce qu'on pourra faire avec succés, par le moyen des Soulphres essentiels des Vegetaux. C'est à dire des huiles essentielles, avec lesquelles les Alcalis ont beaucoup d'affinité. Ce que l'on pourra reconnoître par la gluante unctuosité des Alcalis, par leur disposition à se mêler

avec les huiles , faites par expreſſion,
pour produire un ſavon ; & par l'avidi-
té de ſe mêler avec les Soulphres Mineraux , qui ſont onctueux & tres-apro-
chant des huiles.

Les Alcalis volatiliſez en cette maniere , deviennent d'excellens Remedes &
de grand uſage en leur propre nature &
pour faire d'autres préparations que je ne
toucherai ici que legerement pour venir à
la concluſion.

Touchant cette operation , Van-Helmont a donné plus de lumiere qu'aucun
autre qui l'ait précedé , encore en a-t-il
écrit aſſez obſcurément quoique d'une
maniere tres-Philoſophique , comme le
peuvent reconnoître ceux qui l'entendent
comme je l'entends.

J'avouë franchement que pendant prés
de ſept années j'ai fait environ 2000. experiences ſur ces matieres , ſans ſuccés :
juſqu'à ce que peſant les paroles de nôtre ancien Philoſophe , ſur ce ſujet , je
trouvai la cauſe de mes erreurs & la verité.

J'eſtime que de cent Artiſtes , à peine
s'en trouvera-t-il un qui viendra à bout
de ce Secret , à moins d'une grace ſin-
guliere de Dieu. Car il eſt rare de ren-

contrer des Secrets d'importance communiquez en forme de Receptes , & s'il s'en
trouve , il y manque toûjours quelque
chose dans la direction ou conduite de
l'ouvrage , qu'on ne peut jamais découvrir sans peine , sans travail & sans étude. C'est ainsi que j'en ai fait ; c'est ainsi
qu'en ont usé tous ceux qui sont parvenus à la connoissance de quelque chose;
& c'est ainsi qu'en doivent user tous ceux
qui ont dessein de réüssir dans la Pyrotecnie. Et pour le secours de ceux-ci , je
suis aussi sincere dans mes Ecrits , que les
loix de cet Art me le permettent.

Quant aux Alcalis , Van-Helmont dit :
que lorsqu'ils sont volatilisez , ils égalent
la vertu des plus excellens Arcanes , à
cause que par leur vertu résolutive & dé-
tersive , ils pénetrent jusqu'à la quatriéme digestion ; resolvant en passant tous
les excremens & toutes les coagulations
contre nature , qu'ils rencontrent dans
les Vaisseaux. Il ajoûte qu'ils entraînent
avec eux toutes les residences qui se trouvent dans les veines , qu'ils resolvent les
obstructions les plus obstinées , & dissipent par là , la cause materielle des Apostêmes & des Ulceres tant internes qu'externes. Que leur esprit est si pénetrant &

ſi actif que rien ne pourra atteindre juſqu'où il pourra aller. Et enfin, que de même que le ſavon neteye le linge, ces eſprits neteyent tout le corps & en enlevent
la cauſe materielle de toutes les Maladies.

Leur eſprit eſt d'une admirable qualité
réſolutive en ce qu'il peut diſſoudre tous
les ſimples, & qu'en les diſſolvant il ſe
coagule deſſus, empruntant de ce corps
diſſout une vertu ſpecifique, qui ayant
entrée dans le corps humain guerira actuellement les Maladies les plus longues
& les plus déplorables, auſſi bien que toute ſorte de Fiévres.

C'eſt là, l'Abregé de la Doctrine de
Van-Helmont, touchant les Alcalis, qui
eſt tres-vraye, comme je le peux témoi-
gner, moi-même, fondé ſur mes experiences. Il donne quelques ouvertures de l'o-
peration, en deux ou trois endroits de ſes
Ouvrages. Dans un, où parlant de la maniere de réduire en Sel, l'huile de Canelle,
il dit : Que ſi cette huile eſt mêlée avec ſon
propre Alcali, ſans aucune eau, etant cir-
culée pendant trois mois, par une oculte
ou ſecrete circulation, elle ſera totallement
changée en un Sel volatil, duquel il dit
ailleurs, qu'il eſt un excelent remede pour

la Paralifie, l'Epilepfie, &c. Dans un aũ-
tre endroit, où il enfeigne, au défaut de
la préparation avec l'Alkaeft, à féparer le
Soulpre du *Metallus mafculus* de Paracelfe, qui eft le Zinc ou le Soulphre Glaure
d'Augurel, & à le cohober avec l'huile de
Macis, d'Anis, ou de Terebentine; jufqu'à ce
que tout foit paffé par le bec de la cornuë,
en une huile puante, & enfuite à le circu-
ler avec un Alcali jufqu'à ce qu'il foit
changé en un Elixir de Sel volatil, & aprés
cela à en ôter la puanteur en le rectifiant
avec l'Efprit de Vin. Il recommande avec
raifon ce remede pour la guerifon d'un
grand nombre de Maladies Chroniques.

Pour l'explication de cette Doctrine, je
dois avertir le Lecteur, que le Sel de Tartre, ou tout autre Alcali, peut être rendu
volatil en diverfes manieres qui toutes
produifent d'excellens Remedes, encore
qu'elles foient bien plus excellentes les
unes que les autres. Mais la moindre de
toutes eft celle qui fe fait par les huiles tirées par expreffion.

Ces huiles boüillies dans des leffives
d'Alcalis font un Savon; mais ce Savon
contient peu de Sel volatil comme on le
peut remarquer par la diftillation dont le
Caput mortuum contient beaucoup de Sel
fixe.　　　　　　　　　　　　　　　　Les

Les Huiles essentielles ou distilées, à cause de leur volatilité ne peuvent pas se boüillir avec des lessives, pour en faire du Savon. Mais il y a une voye plus secrette, par laquelle ces huiles & le Sel de Tartre sont réduites non en Savon, mais en un Sel volatil, en forme de Sucre candi qui se dissout dans l'eau & dans le vin.

Dans cette operation un partie d'Alcali change deux ou trois parties d'huile en pur Sel. Sans la moindre oleaginosité, à l'exception d'une petite portion d'huile qui se change en résine distincte de ce qui s'est changé en Sel.

Ce Sel se dissout non comme le Savon qui trouble l'eau, mais comme un autre Sel.

Si la dissolution en est évaporée jusqu'à la cuticule, le Sel se cristalisera comme d'autre Sel en la couleur du simple selon l'huile dont il aura été fait:

Ce Sel est tellement mortifié & doux qu'on le peut tenir seul dans la bouche sans en être incommodé.

Les huiles distillées, encore que chaudes & d'un goût picquant ne retiennent dans cette operation du goût & de l'odeur que ce qui est inséparable de la vie moyenne du simple. Enforte que les Medecines qu'on

F

en prépare font temperées , diuretiques , &
infenfiblement diaphoretiques.

Les Sels faits par cette voye font totalement volatils , & ne laiffent aucun Sel fixe
dans le *Caput mortuum.*

Cette operation fe peut faire parfaitement en dix femaines , ou moins, en grande quantité , pourvû qu'on fuive l'ordre
que prefcrit Van-Helmont. Sçavoir, *fine
aqua , occulta , & artificiofa circulatione.* Ou
à parler plus clairement , il faut que la digeftion fe faffe *in centro profunditatis ma-
teria.*

La chaleur neceffaire pour cela ne doit
jamais exceder la chaleur du Soleil au
Printems, felon la maniere des Effences de
Van Helmont , en laquelle chaleur feule
par Art le Sel reçoit une détermination
fermentative des huiles , comme ces huiles
en reçoivent une du Sel. Ainfi de ces deux
chofes eft fait un Sel volatil temperé de la
vertu des chofes qui l'ont produit , car il
reçoit une vertu diuretique & deterfive de
l'Alcali, & une nature balfamique de l'huile , par lefquelles il pénetre dans les principes qui nous conftituent. Ce Sel ainfi
elixiré eft tellement volatil qu'on le peut
diffoudre dans l'eau & l'y faire boüillir ,
fans qu'il perde de fa vertu, non plus que la

crême de Tartre, l'Armoniac, le Sucre, &c.

Par ces moyens le Soulphre qui peut être séparé de son Mercure dans les Métaux, étant distillé avec des huiles essentielles, peut être réduit en un Sel essentiel, & étant rectifié avec de l'Esprit de Vin ou avec de l'eau pure, il perdra sa forte odeur, & deviendra une excellente Medecine, pour la plûpar des Maladies Chroniques.

Cet Elixir ainsi fait, contient un ferment, qui peut être communiqué à toute sorte de simples, si on les digere avec lui, lorsqu'ils sont dissouts dans l'Esprit de Vin: car par ce moyen il les volatilise & les réduit en un Sel volatil, à l'exception, de la vertu du mixte.

Or cet Elixir est le vrai Correctif du venin de tous les Vegetaux, & qui les mortifie immediatement. Desorte que l'Helebore, l'Aconit, le Jusquiame, l'*Elaterium*, &c. par simple mêlange avec cet Elixir de Tartre volatil, deviennent tout aussi-tôt doux, & cela sans autre chaleur plus forte que celle de la poule qui couve ses œufs. Et par cet Elixir, en une courte mais tres-artificielle decoction, on peut faire des Sels volatils des Plantes qui ne donnent point

d'huiles effentielles lorfqu'on les diftille
avec de l'eau , comme de l'Helebore , du
Jalap , de la Brione & l'*Enula campana* ,
&c. qui deviennent d'excellentes Medecines , lorfqu'elles font corrigées en cette
maniere : car outre leurs proprietez particulieres elles ont encore celles de l'Elixir
qu'on leur a conjoint , qui tout feul eft un
Etre Balfamique , d'un admirable efficace
dans les cas déplorables.

Si vous voulez donc devenir un vrai
Enfant de la Science , aprenez à vous fervir des Sels conformément à leur vraye
préparation Phifolophique & non pas felon les préparations ordinaires , où l'on fe
contente de les extraire de la cendre des
fimples par une leffive qu'on filtre & qu'on
coagule , ne pouvant en cet état aller plus
loin que la feconde digeftion.

Mais étant volatilifez , ils deviennent
des Teintures balfamiques , amies de nôtre nature , dont ils font aifement reçûs
jufques dans les principes qui nous conftituent , felon la nature du mixte dont le
crafis eft contenu dans la volatilité , & en
paffant il netoye les organes , des ordures
& des excremens qui les incommodent , &
par leur agréable odeur , il récréent les veines , & effacent des vifceres les idées

étrangeres qu'ils y trouvent imprimées.

Or entre les Sels fixes il n'y en a point de plus grande vertu que le Sel de Tartre, qui en cette consideration a merité le nom de Republique des Alcalis, (*Alcalium Respublica.*) Et entre toutes les huiles, il n'y en a point de plus déterſive que l'huile de Terebentine, qui eſt une huile claire pépetrante & de ſa propre nature tres-diuretique.

Par le moyen de cette huile, le *Sel de Tartre* eſt réduit en un Elixir volatil, criſtallin, pur & temperé, qui retient autant du goût & de l'odeur de la Terebentine, que la vie moyenne en contient. Enſorte qu'on le peut aiſément diſtinguer de tout autre, paroiſſant doux, ſans aucune corroſion, au palais le plus délicat; & ſe criſtaliſant comme les autres Sels.

Mais remarquez qu'en faiſant ce Sel avec une huile eſſentielle, lorſque la digeſtion eſt parfaite, & qu'il ſe diſſout dans l'eau ſans aucune oleaginoſité ou graiſſe; cette eau ſemble un veritable eſprit, & qui n'eſt pas l'eſprit de Tartre. Car cette eau étant gardée, elle conſervera ſon goût fort, juſqu'à ce qu'il ne demeure plus que du Sel, & pour lors ſi l'on reverſe ſur ce Sel de l'eau, cette eau n'aura plus de goût, &

ſi on la fait diſtiller elle paſſera ſans odeur.
Or c'eſt cette ſorte de Sel qu'on doit diſtiller ou ſublimer, ſi l'on veut obtenir l'eſprit
dont Van-Helmont & Paracelſe ont tant
fait de cas.

Ainſi Lecteur ſi vous êtes poſſeſſeur de
ces huiles Elixirées & de ces Sels eſſenci-
fiez, car tous ſont faits par la même voye,
vous pourez deſirer d'aprendre l'excellence qui ſe pourra rencontrer dans ces préparations autre que celle qui ſe trouve dans
les remedes ordinaires.

Je réponds à cela, premierement, que
la maniere de faire les Sels eſt plûtôt un
lieu commun, qu'une recepte particuliere ; car faire l'un de ces Sels eſſentiels, c'eſt
les faire tous. Deſorte que vous pourrez
ordonner du Sel de Canelle, de Macis, de
Muſcade, de Geroſles, &c. pour la gueriſon de la Paraliſie, de l'Epilepſie, des Convulſions & des autres Maladies les plus
longues & les plus cruelles.

Mais ſi vous cohobez les Soulphres d'Antimoine, du *Metallus maſculus*, &c. avec
une huile eſſentielle juſqu'à faire paſſer ce
Soulphre avec cette huile par le bec de la
cornuë, & que vous circuliez cette huile
avec un Alcali en un Sel eſſentiel, pour
lors je dis en ſecond lieu, que vous aurez

une Medecine veritablement fuccedanée , c'eſt à dire aprochante des Arcanes prépa rez par l'Alkaeſt.

Et en troiſiéme lieu vous avez par ce moyen, une clef pour entrer dans le cabi net des plus excellens Vegetaux , ſoit pour en ſuſpendre le venin ou en digerer les cruditez ; en ſorte qu'il n'y a rien que la ſeule Liqueur Alkaeſt qui s'en puiſſe mieux acquiter que ces Elixirs , auſſi ſont ils de veritables ſuccedanées à cette Liqueur.

Il eſt vrai que l'operation de l'Alkaeſt a quelque choſe de plus ſurprenant que ces autres operations. Car lorſque ce Diſ- ſolvant a parfaitement diſſout en Liqueur un mixte , on en diſtingue toutes les he- terogeneitez en leurs differentes couleurs , entre leſquelles il ſe trouve toûjours une Liqueur tres diſtinĉte des autres en cou- leur, qui eſt une ſubſtance ſubtile qui con- tient tout le Craſis du mixte. Auſſi eſt-ce là, la plus excellente de toutes les prépara- tions qu'on peut faire des Vegetaux , prin- cipalement quand le corps du mixte y eſt réſout en une douce tepidité. Quand on y diſſout un ſimple qui rend de l'huile , l'huile ſe ſepare de la Liqueur Mercuriel- le , & cette huile & cette Liqueur ſe ſé- parent dū Diſſolvant , pour être digerez

à la même chaleur , en un Sel qui est
leur premier être. Mais quoique la préparation faite par les Sels Élixirez avec les
huiles , ne pousse pas les choses , quant
au Crasis , du Vegetable, aussi loin que
cette Essence qui est faite par l'Alkaest,
les Medicamens qui en sont préparez ne
lui sont pas neanmoins tout à fait infe-
rieurs en vertu , puisqu'ils l'excellent en
generalité d'énergie. Car la Liqueur Alkaest , dans ses préparations se sépare
du corps qu'elle a dissout , & le Remede qui en est préparé ne possede que la
vertu du mixte dont il a été fait , qui est
plus précise & plus singuliere. Au lieu
que l'Elixir de l'Alcali volatil , se trouve uni avec la Teinture balsamique de
l'huile qui la volatilisé ; & avec les Essences des Vegetaux qu'on y a ajoûtez ,
comme de l'Helebore , du Cabaret , de
l'*Opium* , du Jalap , &c. par lesquelles
il est non seulement revêtu des qualitez
specifiques de ces simples , mais il est encore doüé de l'admirable qualité détersi-
ve , ou puissance en quelque maniere
generale de cet Elixir qui l'enrichit de
qualitez Medecinales tres excellentes ,
qui le rendent pénetrant à cause qu'il est
balsamique & volatil , résolutif , diuretique ,

tique , & diaphoretique , parce qu'il eſt
ſalin & alcaliſé. Et outre ce ſpecificale-
ment entendu & dirigé ſelon les vertus
particulieres de ſes autres compoſez ſimples , dont il forme un veritable Sel , dépoüillé de toute virulence , ſans aucune
perte de ſa vertu , duquel il reçoit une détermination plus particuliere.

Car entre les huiles eſſentielles & les
Sels Alcalis , il ſe trouve certain apetit
fermentatif , qui les unit les unes aux autres radicalement & dans la profondeur
centrale l'une de l'autre, qui ne donne pas
un Savon , ni un colloſtrum , qui ſont
les productions trivialles des Artiſtes é-
garez ; mais un Sel réel , doux , ſans corroſion de l'Alcali ; & temperé ſans la chaleur de l'huile ; qui étant de la nature ve-
getative , parce qu'il leur eſt aproprié,
devient un Agent propre à ſalſifier , ou à
amener à un Sel ſucrin , tout vegetable
avec lequel il eſt mêlé , & circulé Phi-
loſophiquement , c'eſt à dire à une chaleur Solaire , ou plûtôt Animale. En laquelle environ en dix jours * ou plus,
ſelon la quantité , toute la ſubſtance ſera changée en Sel réel qui ſe criſtaliſe, dans
lequel la vie moyenne du ſimple demeu-

G

* *Je croi qu'il faut lire dix ſemaines.*

re , retenant l'entier crafis , ou vertu, fans aucune diminution. Et par ce moyen l'éfficacité du fimple contracte une union intime avec le Sel ou Elixir de Tartre vo-latil , & tous deux confpirent à produire des cures réelles & furprenantes.

Si vous mettez ces criftaux teins dans de pur Efprit de Vin , & que vous les digeriez enfemble en une chaleur tres-douce. Cet efprit retiré par inclination & d'autre reverfé fur ces criftaux jufqu'à ce qu'il ne tire plus de teinture , extrai-ra toute la teinture du vegetal , laiffant le Sel dépoüillé de toute couleur. D'où l'on peut recüeillir , que le Sel & la Teinture font centralement diftinctes en-core qu'ils ayent centralement agi l'un fur l'autre, mais non pas affez pour s'unir l'un avec l'autre.

Pour lors l'Efprit de Vin diftillé à dou-ce chaleur , laiffera la teinture au fond du Vaiffeau qui fera l'entier Crafis du fimple , qui eft une excellente prépara-tion pour les fimples qui font balfamiques & odoriferans , quand on a befoin de la teinture dépoüillée de tout mêlange de Sels. Comme lorfqu'on ne veut que de fimples refrigeratifs fans aucune qualité déterfive.

C'est de cette forte que fe fait l'excellent Adroph de Van Helmont, avec
le Satyrion. Dont on peut ufer ou de la
teinture féparée du Sel par l'Efprit du Vin;
ou mêlée avec l'Elixir, ce que j'aprou-
verois plûtôt, à moins que le cas ne de-
mandât, que le dos fut fortifié aux fem-
mes attenuées d'une trop grande mai-
greur : autrement la qualité déterfive de
l'Elixir falin avance la guerifon de la
Nephretique, & de la Pierre ou Gra-
velle de la Veffie, d'une maniere miraculeufe....

Ma Methode m'aprend qu'une maladie peut être guerie par tel ou tel remede ; & lorfque cette maladie eft trop
enracinée, elle me fournit d'Arcanes plus
puiffans.

Si la matiere peccante, qui caufe la
maladie ne fe trouve que dans les premiers Vaiffeaux, comme dans l'Eftomach,
dans le Pylore, & dans le *Duodenum*,
&c. Je me fers fimplement de déterfifs,
comme les Elixirs, *perfe*, ou fpecifiez avec
un fimple de nature déterfive.

Le fimple le plus déterfif que je connoif-
fe entre les Vegetaux eft l'*Opium*, qui de
lui même eft un Narcotique venimeux :
Mais par le moyen de nôtre Sel elixiré,

il perd ces redoutables qualitez & devient un puillant fudorifique tres *anodin*,
qui guerit toutes les Fiévres, même la
quartre, fi l'on en ufe pendant quelque
tems.

Dans la correction de ce vegetal, il
faut obferver qu'on en fépare un fedi-
ment ou fecule, & que tout le refte eft
changé en Sel volatil, qui n'a point de pareil dans la famille des Vegetaux.

Lorfqu'il eft corrigé de la forte, on le
peut donner fans crainte, jufqu'à vingt
grains, & cette dofe eft fi éloignée de
caufer le fommeil, qu'elle l'empêche,
principalement quand le Malade à la
toux. Or il eft fi excellent contre la toux,
que Van-Helmont eftime heureux le Medecin qui fçait la maniere de le féparer
de fes qualitez venimeufes ; en retenant
fa puiffance d'agir fur le *Duum viratum.*
(Sur l'eftomach & fur la rate.) *Felli-*
cem illum Medicum qui novit lethalia ab
opio feparare cum retenta poteftate agendi in
Duum viratum.

Car ce fimple ainfi corrigé, agit fur
le fiege de la vie, par fes qualitez fpecifiques, apaifant l'Archée fans le moindre
fommeil, au contraire, il retient le Malade éveillé, provoque des fueurs mode-

rées , ou fortes , felon la force du Malade ,
ou la malignité de la Maladie.

Ainfi il arrête toutes fluxions ou catar-
res , & par conféquent, il eft un remede
affuré pour les flux. Il guerit toutes les
toux , pourvû qu'elles ne foient pas trop
enracinées. En un mot il chaffe par les
fueurs & par les urines la caufe de plufieurs
maladies qui ne font pas trop enraci-
cinées.

Enfin plufieurs Maladies qui femblent
des Fiévres ou de pareilles indifpofitions ,
demandent quelques fois des Remedes
plus confiderables que celui-là , il ne laiffe
pas neanmoins de foûlager , & lorfqu'il ne
peut venir à bout d'extirper tout à fait ces
fortes de Maladies on a recours à des Remedes plus pluiffans.

L'Helebore corrigé par la même voye
eft un excellent Remede contre les longues Fiévres quartes. J'en peux dire autant de plufieurs autres fimples. Mais pour
finir j'avertis que lorfqu'on poffede cette
clef , on a l'excellence de tous les Vegetaux à fa difpofition, fans craindre la moindre trace de virulence. J'adjoûte qu'entre
les Vegetaux il n'y a point de Diaphoretique comparable à l'*Opium* , quoiqu'on l'e-
ftime le plus froid de tous, mais on en peut

G iij

feparer le venin Narcotique , fans en alterer en rien les vertus fpecifiques, & pour
lors il eſt *anodin* & d'un grand fecours
dans les plus grandes Maladies.

Ce Correctif ôte du Jalap, de la Rhubarbe & de tous les Medicamens purga-
tifs, ou plûtôt des poifons Vegetaux toute
la virulence , fans qu'il leur en refte rien.
Et pour lors ils font des Remedes Diaphoretiques, ou Diuretiques, ou plûtôt tous les
deux, qui ne caufent aucune incommodité
au Malade, & par confequent, ils font des
Remedes affurez pour toutes les Maladies
aiguës , & pour la plûpart des Maladies
Chroniques, pourvû qu'elles ne foient pas
trop profondément enracinées.

Deforte que fi l'on me demande raifon
des Myfteres de ma Methode , je répondrai, que je juge de la Maladie par les Sym-
ptomes, & j'ordonne de mes Remedes, felon la force du Malade ou la rigueur de
l'indifpofition.

Je gueris plufieurs Maladies aiguës &
plufieurs Maladies Chroniques non trop
enracinées, par le feul Elixir du Tartre volatil donné dans du vin , ou fpecifié avec
quelque vegetable , felon les occafions.

Mais lorfque la Maladie eft trop puif-

fante , ou la Nature trop accablée , je
volatilife les Soulphres par les huiles effentielles & en faits des Elixirs , pour leur
donner aprés cela , la fpecification des
Baumes Aromatiques reftauratifs.

Outre cela , il y a encore une voye de
faire un Efprit de Tartre qui ne le cede
qu'au grand Diffolvant dont je traitterai
dans ma Pyrotecnie Triomphante.

Traduction Françoise des II. III.
& IV. Chapitres , & de l'Ex-
trait de la Conclusion de la
Troisiéme Partie de la Pyro-
tecnie prouvée & éclaircie de
Georges Starkey.

CHAPITRE II.

Des Specifiques.

LES Alcalis font des Corps d'excellente vertu , si nous en voulons croire
Van-Helmont , qui dit , qu'étant fixes,
si on les rend volatils ils égalent la vertu
des plus grands Arcanes : car étant revétus d'une vertu incisive & résolutive ,
ils penetrent jusqu'à la quatriéme digestion , & résoudent en passant dans les
veines toutes les coagulations contre nature , qu'ils y rencontrent. En un mot ,

que leur Efprit eft d'une nature fi pene-
trante & fi exquife, que ce qu'ils ne touchent pas, demeure inalterable à toute
autre chofe. On ne peut rien dire de plus
avantageux ni de plus veritable, en leur
faveur, c'eft pourquoi je ne craindrai
point de m'arrêter autant qu'il fera neceffaire pour en faire comprendre l'excellence.

Je ne m'amuferai point à confiderer
leur generation, leur fixité, ni la poffi-
bilité de leur volatilifation, je les fupo-
ferai, me refervant d'en parler dans un
autre Traité.

Les Alcalis, donc, peuvent devenir
volatils, par un fubtil artifice & par l'aide de la nature : & l'on peut par leur
moyen, préparer, non feulement d'excellens Medicamens, mais mêmes des Remedes pour toutes les Maladies.

L'excellence de leur vertu & de leur
ufage paroit par leur action fur les Soulphres des Mineraux & des Vegetaux.

Tout Soulphre par leur miniftere eft
extrait de tous moyens Mineraux & de
tous Métaux imparfaits, comme le Plomb,
qui par le moyen des Sels fixes permet la
diffolution de fes Elemens de Soulphre &
de Mercure, & devient un Mercure cou-

lant ou argent vif, fes parties Sulphureu-
fes & falines ayant été abforbées par les
Alcalies, par le moyen defquels elles peuvent par art être volatilifées.

En faifant boüillir tout fimplement
l'Antimoine dans une forte leffive de
Tartre, on en peut féparer le Soulphre
du Mercure ou regule de la même maniere que par fufion, & l'obtenir même par
cette voye plus ouvert & plus diffout.

Il fuit de cela que fi l'Antimoine eft fondu avec du Tartre & du Salpêtre : les Sels
qui auront abforbé le Soulphre dans certe
fufion étant diffous dans de l'eau ou d'eux
mêmes à l'humide couleront avec le Soulphre : ce qui fe poura reconnoître par la
couleur d'or dont la Liqueur teindra les
doigts qui la toucheront & par la précipi-
tation qu'on en poura faire par un Acide,
en une poudre rouge, d'une puanteur in-
fuportable, que les Aprentifs apellent
Soulphre Antimonial doré Diaphoretique : Préparation triviale dont ils fe fer-
vent, qui pourroit être exaltée en une autre d'une admirable vertu.

Car fi ces Sels empreints de Soulphre
font diffouts jufqu'à ce que la Liqueur en
devienne auffi rouge que du fang, & qu'on
la fépare de toute terreftreïté. Pour lors

on pourra par Art volatiliſer la maſſe de
ces Sels empreins de Soulphre , & leur
faire perdre par ce moyen toute leur
mauvaiſe odeur , & au lieu d'une leſſive
rouge on aura une maſſe agreable ſans
odeur , auſſi blanche que la nége.

Cette nége eſt une Panacée d'Antimoine qui purge ſans nauſées & ſans tranchées les corps les plus foibles , & guerit
pluſieurs Maladies Chroniques.

Mais pour pouſſer la choſe encore plus
loin , prenez cette nége & la mêlez avec
du bol & la diſtillez par degrez juſqu'à
ce que tout ſoit paſſé, ce que vous pourrez
obtenir par cohobation , & il ne vous re-
ſtera qu'une terre noire inſipide , l'Eſprit
étant teint d'une couleur d'or potable aſſez
chargée d'une odeur tres agréable. Cinq ou
ſix goutes priſes pendant pluſieurs jours, ne
manqueront pas de tirer les Malades des
accidens les plus déplorables & les plus fâcheux.

De même ſi l'on prend égales parties de
Sel de Tartre diſſout & de colcotar de
vitriol parfaitement édulcoré de ſon Sel,
& qu'on les faſſe boüilir enſemble juſqu'à l'entiere évoporation de l'humidité.
Si l'on en prend la maſſe & qu'on la faſſe
fondre à fort feu dans un creuſet pour

enfuite la verfer & la faire diffoudre en
leffive ; on trouvera que prefque tout le
Soulphre du colcotar fera paffé dans la leffive. Or fi aprés cela, par mortification &
regeneration on vient à volatilifer ce
Soulphre, & qu'on le diftille comme on a
dit du Soulphre d'Antimoine, pour lors on
aura une Liqueur teinte d'une verd jaunâ-
tre d'une excellente odeur.

Or fi l'on diffout du Mercure dans cette
Liqueur, le Soulphre s'unira au Mercure
& le fixera de telle maniere qu'il donnera
dans le feu un Métal veritable : mais fi,
au lieu de le réduire en Métal on l'édulco-
re avec l'Efprit de Vin, il deviendra une
vraye Medecine fuccedanée ou aprochante de l'Or horizontal de Van-Helmont fait
avec le Soulphre de vitriol de Venus réduit
en huile par l'Alkaeft.

On peut proceder de même pour l'extraction du Soulphre de Saturne, de Jupiter & du *Metallus mafculus* (du Zinc.)
A la verité ces operations ne font pas clai-
res dans Van Helmont, ni dans Paracelfe ; cependant le dernier ne laiffe pas de
les indiquer en plufieurs endroits, & notamment quand il dit que les Effences du
vin reduites en cendres diffolvent l'Or,
&c. & que lorfqu'on les circule elles ré-

duifent l'Or, &c. *Sunt præterea essentia vi-
ni cinerata, quæ aurum solvunt, &c. Si
in circulum dentur, aurum reducunt, &c.*
Il entend par là le Sel de Tartre qui eſt le
Sel du vin, & qu'il penſe être le meilleur
du vin comme participant plus de ſon Eſſence que tout autre partie du vin. Le Tartre réduit en cendres pour en tirer le Sel,
& ce Sel circulé, c'eſt à dire volatiliſé,
car juſqu'à ce qu'il ſoit réduit en Sel il ne
peut être volatiliſé, pour lors il réduit l'Or,
&c. Van-Helmont de même, s'explique
ſuffiſamment quand il dit : que ſi l'Eſprit
de Sel de Tartre volatil diſſout la Lune, le
Mercure, la corne de Cerf, les yeux d'E-
creviſſes, ou quelqu'autre choſe de cette
nature, il guerira non ſeulement les Fiévres, mais la plûpart des Maladies Chroniques s'il ne les guerit pas toutes. Or il
eſt certain que le Mercure corrodé par
quelque Liqueur que ce ſoit qui ne le fixe pas, eſt une Medecine dangereuſe &
mépriſée en pluſieurs endroits par ce Philoſophe comme indigne d'être miſe en
uſage par un homme d'honneur. Mais la
Liqueur dont nous parlons en diſſolvant
l' Mercure, lui donne une fixation ſuffi-
ſante pour en faire une excellente Medecine : de ſorte que lorſqu'elle ſe trouve

unie avec un Soulphre volatil , comme
nous l'avons enſeigné , pour lors elle lui
donne une fixation métalique de la même maniere , encore qu'en un dégré moins
noble de la fixation de l'Or horizontal de
Van Helmont qui eſt fait & fixé par la Liqueur Alkaeſt.

Il y a donc trois manieres d'operation
ſur cet Alcali volatiliſé en ordre à ſon aplication aux corps métaliques.

Premierement , l'Alcali eſt volatiliſé ,
c'eſt à dire , régeneré , par mort & par vie ,
& réduit totalement en un Sel volatil , qui
de lui-même eſt de grande vertu : mais
étant diſtillé ſelon l'Art , il donne cette
excellente Liqueur à laquelle Van-Helmont & Paracelſe ont donné cette loüan-
ge , qu'où elle ne peut attaindre , nulle autre ni ſçauroit aller.

Cet Eſprit eſt volatil & ſalin , non acide , & par conſequent plus difficile à trouver pour nos imaginaires demi-ſçavans , il
diſſout tous les corps , & ſe coagule ſeulement deſſus lorſqu'il eſt diſſout , en un Sel
volatil , qui étant ſublimé de la chaux diſſoute enleve avec lui des Métaux imparfaits leur Soulphre , il fait la même choſe
des Métaux parfaits par une réïterée circulation.

En second lieu si cet Alcali ainsi régeneré en *Sel* volatil est mêlé avec la chaux
de Venus , de Jupiter , de Saturne de Zinc,
ou avec le regule d'Antimoine & qu'il soit
distilé avec elles , il doit les rendre volati-
les , & toutes les fois que cet Esprit distilé
est versé sur le *Caput mortuum* , il le coagule dessus.

Poursuivez par cohobation , jusqu'à ce
que vôtre signe aparoisse , ce que tout Philosophe doit diligemment observer , alors
coagulez vôtre Esprit qui contient le Soulphre métalique caché, & avec de l'Esprit
de Vin déflegmé , tirez la tainture métalique du Sel , de laquelle ayant séparé l'Esprit , elle demeure douce , d'excellent o-
deur & d'une miraculeuse vertu peu inferieure à quelque Soulphre que ce soit exalté par l'Alkaest.

Mais en troisieme lieu , (je préfere ce
procedé aux autres.) Faites fondre vôtre
Alcali avec la chaux d'un Métal imparfait,
& pour lors vous aurez le Soulphre uni au
Sel & par la fusion du feu un peu ouvert :
ce mêlange volatilisé à la maniere du Sel
de Tartre volatilisé *perse* , & ces deux
choses purifiées & régenerées ensemble
& aprés leur volatilisation plus intime-
ment unis , ayant été pour cet effet co-

hobez jufqu'à entiere volatilifation , puis
l'Efprit étant coagulé en un Sel volatil,
ufez en avec le Sel qui lui eſt uni, ou ti-
rez-en le Soulphre agréable de bonne o-
deur , avec l'Eſprit de Vin rectifié , &
pour lors vous pourrez vous compter Maître d'une Medecine balfamique que vous
ne pourrez aſſez eſtimer.

Tout le fecret donc confiſte à fçavoir
volatilifer les Alcalis. Secret qui ne peut
jamais venir à la connoiſſance d'un pareffeux , ni d'un imaginaire plein de lui-même. C'eſt une des clefs de Nature : car
elle ne fait autre choſe tous les jours dans
ſes trois regnes que de fixer & volatilifer.

Que l'on mette pluſieurs tonneaux, où
telle quantité que l'on voudra de Sel fixe
dans un Champ , & en peu de mois tout
fera changé en Sel volatil: Delà vient que
la chaux & les cendres fertilifent les
Champs pour les grains. Et cependant nos
Philoſophes jufqu'aujourd'hui n'ont point
encore apris à imiter la Nature dans ſes
operations les plus ordinaires.

Les Regnes ou Nature travaille ici bas
font connus fous la diviſion ordinaire de
trois , l'Animal , le Vegetal , & le Mineral.

Elle

Elle les a tous pourvûs de Medecines pour les infirmitez de la Nature humaine : les plus excellentes du Regne Animal , se trouvent dans le sang & dans l'urine ; du Vegetal , dans les sels fixes volatilisez , par les huiles essentielles , ou autrement ; & du Mineral , dans les Soulphres & dans les Sels , qui sont comme je peux dire : *dotum Medicinalium tori* ; les Mercures des Métaux étant fermez , & des substances homogenes qui ne se familiarisent pas aisément avec nous , mais comme des Essences qui nous sont entierement étrangeres sont étroitement renfermées, & n'agissent que par raport à leurs Soulphres, *nisi sulphurum intuitu*.

Touchant ce sujet & l'excellence des Medecines minerales & métalliques , non plus que des animales & des vegetales , je ne prétends point repeter ici ce que Van-Helmont en a déja dit, ne le pouvant faire sans ennuyer le Lecteur.

Mais les Soulphres d'eux-mêmes étant renfermez trop étroitement pour être ouverts & developez par l'Archée de nôtre estomach afin de nous aider selon nôtre attente , ne pouvant produire leur vertu si on les prend dans leur propre nature , outre que la plûpart sont venimeux , ou

H

dangereux dans leur simple crudité : c'est
pourquoi il est necessaire qu'ils soient ouverts, afin que leurs vertus cachées soient
renduës évidentes, & que leur malignité soit corrigée par des préparations, dont
la principale & la plus parfaite est celle qui
se fait par l'Alkaest, & la plus aprochante aprés celle-là, est la volatilisation des
Alcalis, desquels nous avons déja dit quelque chose au commencement de ce Chapitre, & dont allons encore dire quelque
chose de plus, avant que nous le finis-
sions.

Dans l'operation sur les Métaux, cette
Liqueur peut fort bien supléer au grand
Dissolvant, & à son défaut peut servir aux
Enfans de la Science, pour faire leurs dissolutions de tous ou de la plûpart des
corps, & la volatilisation des Soulphres
des Métaux imparfaits & des Mineraux.

Mais pour les Métaux parfaits comme
l'Or, l'Argent, & leur compere en homo-
geneité, le Mercure, je fairois injure à la
verité, si je n'avoüois pas que cette clef
succedanée ou aprochante est bien au des-
sous de l'excellence de la Liqueur Alkaest,
encore que ses effets sur ces corps soient
tels qu'elle merite les loüanges d'un excel-

lent Diſſolvant & non pas d'un ſimple corroſif ordinaire.

Car ſi on diſſout dedans l'Or ou l'Argent ; ce Diſſolvant agiſſant ſur ces Métaux à l'ordinaire, il ſe coagule deſſus en
un Sel volatil, & quand le flegme qui s'eſt
formé, par cette coagulation, eſt évaporé,
la Liqueur qui a perdu de ſa vertu en diſſolvant ces corps, ſe criſtaliſe au froid.

Si ce Sel volatil eſt ſublimé trois ou quatre fois avec la chaux d'or diſſout, vous
trouverez qu'outre les vertus de l'or dont
il ſera revêtu, il aura encore enlevé avec
lui une tainture d'or volatile, laiſſant ce
qui ſera reſté bien pâle.

Même par un artifice non difficile pour
un Artiſte verſé dans la Pyrotecnie, les é-
lemens de l'or peuvent être diſſous & rendus ſéparables des uns des autres de la même maniere que par l'Alkaeſt, avec cette
grande différence nanmoins, que la Liqueur par cette diſſolution, perd de ſon
activité autant de fois qu'elle eſt coagulée
& miſe en action : & ainſi rejettant du
flegme à chaque operation elle diminuë
en quantité ce qui n'arrive pas à l'Alkaeſt.

Si donc ſans l'Alkaeſt, on peut par l'Eſprit des Alcalis volatils obtenir les Soul-

phres du Soleil & de la Lune encore qu'on
le puisse plûtôt & plus aisément, par le premier sans qu'il perde de sa vertu ; aussi cet
Esprit est bien plûtôt préparé que l'Alkaest : & celui qui sçait la maniere de s'en
servir en peut faire tout ce qu'il lui plaît.

Mais pour ce qui regarde le Mercure,
on le peut préparer par cet art pour un
grand nombre d'usages. Car si pour la
Medecine, le Soulphre d'Antimoine , de
Vitriol de Venus, ou du *Metallus mascu-*
lus , (du Zinc) qui est le Soulphre Glaure
d'Augurel, selon Van Helmont , est volatilisé avec l'Esprit de Tartre volatil, &
réduit en Liqueur avec lui : si on dissout
de l'Argent vif dans cette Liqueur , & que
l'on en sépare le flegme (par distilation)
jusqu'à siccité ; & qu'ensuite , on en répe-
te le travail avec de nouvel Esprit tant
de fois que la chaux ne coagule plus l'Esprit , & que cet Esprit s'en sépare aussi fort
que lorsqu'on la versé dessus ; pour lors ce
Mercure dans ces dissolutions aura été embrassé par le Soulphre ainsi spiritualisé ,
aussi fortement que le Mercure métalique
est embrassé du Soulphre métalique , &
l'un & l'autre aprés cette union se quitte-
ront aussi difficilement que le Mercure
d'un corps métalique quitte son Soulphre.

De forte que par un Artifice affez aifé, on les peut réduire en un corps métalique : Mais avec plus de difcretion non moins facilement & avec plus d'utilité pour les Malades , on peut les réduire en une excellente Medecine tres-agréable & d'une vertu miraculeufe. Car fi le Sel de l'Efprit coagulé eft laiffé avec le Mercure coagulé avec l'Efprit de Soulphre , & tous joint enfemble deviendront un precipité doux dont la dofe eft de 4 , 6 , ou 8 grains non fouvent réïterée , guerit les Maladies les plus aiguës, & la plûpart des Maladies Chroniques fi il ne les guerit pas toutes.

Or quand cet Efprit n'en fairoit pas davantage que de volatilifer les Soulphres d'Antimoine , de Venus , de Jupiter , de Saturne & du Zinc. Ce feroit toûjours affez pour fatisfaire un Medecin confcientieux & ftudieux Artifte.

Car ces Remedes Mineraux agiffent au delà de tout ce qu'en pourroient croire ceux qui n'en ont pas l'experience : dequoi Van-Helmont eft un bon témoin , quand il exhorte les jeunes Artiftes de faire tous leurs efforts pour aprendre à dépoüiller les Soulphres de leurs étrangeres & venimeufes qualitez parce qu'ils cachent &

recellent le feu vital , qui apaiſe l'Archée
& le met dans un agréable repos. Car il
ſe trouve dans ces Soulphres qui étant préparez parfaitement peuvent ſurmonter
toutes les Maladies. Ce que l'on pourroit
attendre avec plus d'aſſurance , comme je
l'ai reconnu plus particulierement des
Soulphres de Venus , d'Antimoine , &
principalement du Soulphre de la Glaure
d'Augurel , du Zinc.

La préparation qu'entend Van-Helmont dans l'endroit dont nous venons de
parler , ſe fait principalement avec l'Alkaeſt , auquel la Liqueur dont nous parlons faite avec l'Eſprit du Tartre volatil,
peut paſſer pour un tres-excellent & in-
comparable ſuccedanée.

Auſſi peut-on par ſon moyen, au défaut de l'Alkaeſt préparer le Soulphre du
Metallus maſculus (du Zinc.) Car ce Sel
volatil embraſſe & enleve avec lui dans
la diſtilation , ce Soulphre en forme d'u-
ne huile métalique haute en couleur, qui
étant coagulée ſur un corps fixe , en peut
être ſéparée par l'Eſprit de Vin rectifié ,
qui laiſſera au fond du Vaiſſeau le Sel de
l'Eſprit de Tartre , qu'il ne diſſout pas.
Et pour lors ce Soulphre eſt réduit en un
ſuc ou liqueur Mercurielle , que Paracel-

ſe apelle *vinum vitæ* , & auquel Van-
Helmont donne tant de loüanges & nous
en fait un caractere ſi avantageux.

Mais je ne doute pas qu'on ne me demande , comment on peut obtenir cette
Liqueur. A quoi je répondrai avec Van-
Helmont : Que ce n'eſt pas aſſez de feüil-
leter des Livres, qu'il faut encore achepter
du charbon & des Vaiſſeaux, & paſſer bien
des jours & des nuits. C'eſt de la ſorte que
ce grand Artiſte en uſa , c'eſt de la ſorte
que j'en ay uſé & que j'en uſe encore
à ſon imitation , & que vous pouvez en
uſer auſſi ſi vous voulez poſſeder ces Secrets. J'ai fait ce que j'avois à faire ; j'ai
indiqué la choſe ; j'ai fait lever le Gibier,
c'eſt à ceux qui ayment la chaſſe à le pour-
ſuivre. Car pour la choſe en elle-même &
l'adreſſe de la pratique , elles dépendent
de la benediction du Ciel , & des efforts de
l'Artiſte. C'eſt pourquoi étudiez , effor-
cez-vous à joindre la priere au travail aſ-
ſidu du feu , & avec la benediction de
Dieu , vous trouverez ce que j'ai trouvé
par de ſemblables moyens.

CHAPITRE III.

Des Sels volatils des Plantes & de leur vertu.

AYant parcouru la découverte des Alcalis , pour donner une legere connoiſſance de leurs vertus dans les Diſſolutions des Mineraux : nous découvrirons maintenant leur uſage dans l'aplication qu'on en peut faire ſur les Vegetaux , ſoit pour les préparer , pour les purifier , pour les corriger ou pour exalter leur vertu.

Car les Vegetaux ſont de grande efficace , encore que ſub-ordonnez aux Mineraux. Paracelſe ſe glorifie de pluſieurs Cures qu'il a faites par une ſeule Plante bien préparée. Il aſſure par exemple , qu'il ſçait la maniere de guerir pluſieurs Maladies incurables avec la ſeule Abſinte.

Touchant cette préparation des Plantes , Van-Helmont dans ſon Traité *Pharmacopolum ac diſpenſatorium modernum* , donne un Conſeil , comme par Teſtament à ceux qui n'ont pas l'experience de ſon Alkaeſt , de la maniere de préparer les

ſimples

fimples de grande vertu, par l'adition d'un Ferment, afin d'en pouvoir extraire les vertus cachées; en fuſpendant leur venin & fubſtituant une qualité pour une autre, ou en leur en excitant de nouvelles par l'adition d'autres ingrediens.

Que l'induſtrieux Artiſte ſçache donc, que par le moyen des Sels fixes des Plantes, toute huile volatile peut être changée avec l'Alcali, en un Sel eſſentiel volatil d'une furprenante vertu pénetrative. Car étant ſalin il ſe mêle avec les principes urineux, & paſſe avec l'Urine & les excremens, réſolvant en paſſant tout ce qu'il trouve attaché aux Vaiſſeaux par où il paſſe. Et parce qu'il eſt balſamique à cauſe des huiles changées en Sel qui ſont en lui, il atteint auſſi loin qu'aucun autre Remede que ce ſoit. Outre qu'étant de principes vegetables & non mineraux, il s'inſinuë dans les principes qui conſtituent nôtre corps & va juſqu'à la ſource de la vie animale. Car tout ce qui va juſqu'au baume de la vie doit être Sel, puiſque le ſang qui en eſt le ſiege eſt ſalin. L'Urine qui eſt un excrement qui en eſt ſéparé eſt pareillement ſaline, nos ſueurs & nos larmes de même. De ſorte que rien ne peut aller au delà de la premiere digeſtion,

I

qui ne foit de cette nature. C'eſt pourquoi
les Plantes dans l'eſtomach y ſont digeꝛées
ou noñ ; ſi elles y ſont digerées , elles perdent ce qu'elles étoient , pour devenir chi-
le : & par ce moyen deviennent d'une
nouvelle nature par cette formelle traſmu-
tation , par laquelle , ſi elles étoient Medecinales auparavant elles ſont dépoüil-
lées de toute leur vertu , avant qu'elles
ſoient admiſes à la ſeconde digeſtion. Et ſi
elles peuvent retenir quelque peu de qualitez du *Magnum oportet,* (de la vie moyenne) elles ſont trop affoiblies pour déraci-
ner aucune Maladie ſituée dans les Vaiſſeaux de la ſeconde digeſtion , bien loin
de produire aucun effet dans ceux de la
troiſiéme.

Mais ſi celles qu'on avalle ne ſont pas
digerées dans l'eſtomach , à cauſe de leur
onctuoſité gommeuſe , ou de leur nature
indigeſte , qui reſiſte à l'action de ſon Ferment , elles ſont renduës par le ſiege : ou ſi
elles ont quelques qualitez venimeuſes, on
les rend par le vomiſſement , ſi le venin eſt
violent , ou par le ſiege s'il eſt gommeux ,
ou difficile à diſſoudre.

Mais les *Sels* étant d'une autre nature ne
ſouffrent pas à la maniere des choſes qui
ſe peuvent digerer par le Ferment de l'eſto-

mach, mais conservent leur vertu ils paſ-
ſent dans le meſentere & entrent dans les
veines meſaraïques & réſolvent en paſſant tout ce qu'ils rencontrent de contre
nature , & de cette maniere deviennent
abſtercifs , diuretiques , & ſudorifiques.

Ce qui paroit manifeſte dans le Sel ma-
rin , qui paſſant la digeſtion de l'eſtomach
& du *Duodenum* , eſt reçû dans les veines
meſaraïques & coule avec le ſang à demi
digeré juſqu'à ce que l'Urine en ſoit ſéparée , où il reſide au même état qu'on l'a
pris , & d'où on le peut tirer en ſon entiere ſubſtance forme & vertu.

Pour les Alcalis , ils ſe rempliſſent d'acide dans l'eſtomach à cauſe de leurs qualitez lixivieuſes , & produiſent un Sel neutre d'une autre nature , qui n'eſt ni acide
ni lixivieux mais ſalin , & qui à cauſe de
cela paſſe juſques dans la digeſtion de l'U-
rine , où il devient urineux & s'augmente
d'un Sel fixe dans l'Urine , different de ce
qu'il étoit quand on l'a pris.

Mais ſi les Alcalis ſont volatiliſez par
l'union inſeparable des huiles eſſentielles ,
juſqu'à ce que des deux ne ſe faſſe qu'un
Sel. Pour lors ce Sel paſſe par toutes les
digeſtions , ou rencontrant quelque coagulation contre nature , ou faite contre

l'intention de l'Archée ; il les réfout & les chaffe en partie par les Urines, & en partie par les fueurs. Car étant effentiel & volatil, il a accés où les Alcalis d'eux mêmes n'ont point d'entrée.

Pour une claire démonftration de ce que j'ai dit touchant les qualitez vomitives & purgatives aparentes dans quelques vegetables : je vas produire quelques exemples des préparations les plus communes, pour convaincre, qu'elles procedent d'un principe venimeux.

Préparez de l'Helebore blanc ou noir; du fuc de Concombres fauvages ; ou quelqu'autre Plante venimeufe avec du Sel fixe alcalifé ; & elles perdront leurs qualitez vomitives & purgatives devenant diuretiques & diaphoretiques , en forte qu'on en pourra donner une double ou triple dofe fans crainte du moindre danger aprés cette préparation ; au lieu qu'auparavant la moitié moins auroit été mortelle.

Réduifez en poudre fubtile un vegetable venimeux & le mêlez avec un Alcali, par exemple avec du Sel de Tartre. Ajoûtez à ce mêlange du vin blanc ou quelque autre liqueur autant qu'il en faudra pour le réduire en confiftence de boüillie , laiſ-

fez-le ainſi repoſer dans Vaiſſeau de fayence couvert, tant que le Sel ait pénetré juſqu'au centre de la poudre, ayant ſoin de
l'humecter avec de nouvelle liqueur au
cas qu'il ſe deſſeche ; Aprés ſix ſemaines
au plus, les qualitez purgatives & vomitives du ſimple ſeront entierement éteintes ;
encore qu'il n'ait non plus perdu de ſon
goût, de ſon odeur, ni de ſa couleur, que s'il
avoit été humecté avec de l'eau commune:
& même moins, car cette derniere imbibition y auroit produit une fermentation,
que l'Alcali empêche. Or ſi les qualitez
ſpecifiques de ce ſimple ſont conſervées
dans cette derniere operation comme le
goût, l'odeur & la couleur, prouvent
qu'ils en ſont plûtôt exaltées que dimi-
nuées. Et ſi les qualitez vomitives & la-
xatives en ſont éteintes, n'en peut-on pas
régulierement conclure qu'elles n'étoient
point de l'eſſence du ſimple, mais tres-di-
ſtinctes de ſa ſubſtance & de ſes qualitez
ſpecifiques qui demeurent entieres aprés la
perte des premieres.

Le feu donc par une humide decoction efface peu à peu les impreſſions venimeuſes des vegetaux, ſelon cette veritable maxime, Que tout venin vegetable s'offoiblit en cuiſant ; & que par une

cuiſſon aſſez longue il s'évanoüit. *Omne vegetabile venenum coquendo miteſcit, diutina vero coctione evaneſcit.* Ce qui ſe fait, non pas par la production d'une nouvelle choſe , comme il arrive par la diſtilation , mais en meuriſſant les cruditez qui contiennent le venin : ſelon cette autre maxime tres-veritable : Que tout venin eſt attaché à la derniere vie de ſon ſujet. *Omne venenum vita concreti ultima alligatur.* De ſorte que l'Arſenic même fixé par le Salpêtre , c'eſt à dire, ſimplement retenu au feu dans du Salpêtre en fuſion pour y être cuit, y perd tout ſon venin : autrement il s'envole & ne peut reſiſter à l'épreuve du feu. Mais dans ce Mineral le venin eſt materiel, c'eſt à dire, corroſif & corporel, au lieu que dans les vegetaux le venin n'eſt qu'ideal, fermentatif & ſpirituel: mais qui abhorre la décoction & encore plus la pureté du Sel Alcali , que le feu a marqué de ſon caractere & de ſon impreſſion, en ſorte qu'on le pourroit apeler proprement le fils du feu , comme je l'ai nommé ailleurs *Cauda Vulcani.*

Enfin une humide décoction ou digeſtion à douce chaleur, meurit d'elle même toute crudité , ſans changer le ſujet , ſi une fois la chaleur en eſt graduée au delà d'u-

ne chaleur fermentative qui est aussi putrefactive, quand le sujet en est capable, &
par consequent la mere de transmutation,
comme on le peut remarquer dans nos ali-
mens, ou dans les herbes humides tenuës
en une chaleur fébrile, telle que celle du
ventre du cheval ou du fumier propor-
tionnée à la chaleur de l'homme d'un
temperament fiévreux. Cette chaleur excite un ferment, & ce ferment cause une
transmutation, au lieu qu'une chaleur
séparatrice ou brûlante cause la mort du
mixte, & par consequent une nouvelle
production qui est le fils du feu. La vertu
séminale du mixte ne peut être tout à
fait éteinte que par un feu ouvert : Car
en une chaleur séparatrice renfermée les
parties sont confusément travaillées, une
partie retenant la vie moyenne du mixte, mais grandement alterée de son an-
cienne forme specifique, par l'active impression du feu duquel elle reçoit le caractere. Au lieu qu'en une chaleur humide le sujet n'en est point alteré, encore
que par décoction les cruditez en soient
ôtées sans perdre un grain de la substance, les proprietez s'y rencontrant comme auparavant. Ainsi le bœuf, le mouton, le lard, le poisson, ou les volail-

les en boüillant ne reçoivent point d'autre changement , sinon que de cruës elles deviennent cuittes , mais leur détermination specifique demeure toûjours , la
couleur , le goût & l'odeur apropriées à la
crudité étant changées en d'autres qui
procedent de la coction , & qui cependant conservent leurs anciennes proprietez séminales encore que l'on continuë
cette coction jusqu'à devenir de la gelée
ou du consommé. De sorte qu'un boüillon de coq , de veau , ou de mouton , se
peuvent distinguer l'un de l'autre , & ne
se changent radicalement que par un ferment qui se rencontre dans une chaleur
fébrile , ou dans un degré de feu brûlant ,
qui seroit la mort artificielle du sujet , ou
le destructeur des semences , si on lui per-
mettoit d'agir à feu nud ou à feu de flam-
mes dessus.

La plûpart des vegetables ont leur Crasis ou vertu envelopée dans une substance visqueuse ou gommeuse , comme une
noix est envelopée dans ses écalles. Laquelle dans les herbes ou dans les grains
disposez pour la nourriture de l'homme ,
est le sujet sur lequel s'exerce la faculté di-
gestive de l'estomach , laquelle étant dé-
truite par un ferment , encore qu'on en

puiſſe faire une boiſſon ſaine, manquant neanmoins de leur premiere faculté nutritive, comme il paroît au Vin & à la Biere, qui ont été nourriture autant de tems qu'ils ont été grapes ou orge. Mais auſſi-tôt que la nature viſqueuſe, ou glutineuſe en a été volatiliſée par la fermentation & changée en une nouvelle créature, il devient de nourriture une boiſſon ſaine, de vertu propre à r'affraichir & à réjoüir les eſprits, pourvû qu'on en uſe modérément, ou à les émouſſer, ou engourdir ſi l'on en prend avec excés. Ce que le grain ni la grape ne pouvoit faire.

D'où il eſt évident que quand l'Art par le moyen d'un Ferment a volatiliſé, & formellement alteré la viſcoſité d'un vegetable, pour lors ſon Eſprit produit de cette ſubſtance gommeuſe n'eſt plus ſujet à la digeſtion de l'eſtomach, mais il en eſt ſeulement ſéparé & tranſporté ſpirituellement au cœur & dans les fibres des arteres, qui ſont les canaux de communication pour les Eſprits d'une partie noble en une autre : & leurs effets ſont d'échauffer, de révifier, de raffraichir, & de réjoüir. Ce qu'ils ſont plus puiſſamment à proportion que la Liqueur eſt plus genereuſe & plus cruelle.

Car tout ce qui eſt digeré dans l'eſtomach , devient premierement chyle , ou
crême Acide ; qui par le ferment du Foye
ſe change enſuite en un Sel ſanguin : ce
qui fait que le ſang eſt ſalé , qui pour lors
n'eſt pas alteré , mais ſeulement perfe-
ctionné , pour être porté dans le cœur , où
il eſt animé d'un Eſprit de vie , que Van-
Helmont apelle *aura vitalis*. Et pour lors
ce ſang hépatique devient arteriel & le
véhicule des Eſprits Vitaux par tout le
corps , arroſant chaque partie d'une roſée ou vapeur , dont les Eſprits diſſipez
ou affoiblis par les mouvemens du corps
ſont réparez : ce qui eſt la derniere fin ,
que la nature s'étoit propoſée en deſirant
le boire ou le manger.

Car la Nature dans la ſoif ne deſire
pas la Biere ou le Vin comme Biere ou
comme Vin , mais comme une humidité , pour ſupléer au *Latex* diminué. En-
core-qu'e la ſage Providence ait marié
l'Eau à l'Eſprit qui eſt familier à la Nature,
& que tout à la fois la ſoif ſoit étanchée
& les Eſprits récréez : mais nous parle-
rons de cela plus au long dans mon Traité de la Methode , & du Myſtere de guerir
les Maladies , que j'eſpere bien-tôt met-

rre au jour : C'eſt pourquoi j'y renvoye
le Lecteur.

Mais pour tirer , de ce que nous avons
dit , ce qui peut être utile à nôtre deſſein,
nous formerons ce peu de Concluſions.

Premierement : Que tous Vegetaux ont
une ſubſtance gommeuſe ou viſqueuſe qui
fait qu'ils nourriſſent , & qui eſt le ſujet ſur
lequel le ferment de l'eſtomach agit , &
d'où ſe ſépare le chyle. Ce qui eſt évident
dans les décoctions ou les extraits des
graines , des herbes , & dans les ſucs des
fruits , deſquels la partie aqueuſe étant
exhalée , il demeure un Rob. ou Extrait
gluant épais & de la conſiſtance de gou-
dron , encore que non gras , mais ſimplement viſqueux ou gommeux.

Secondement , Que ſi ce Corps gommeux eſt volatiliſé par un Ferment , il doit
produire un Eſprit Vineux formellement
diſtinct de ce qu'il étoit auparavant : &
pour lors il n'eſt plus un ſujet propre pour
l'action du Ferment de l'eſtomach , &
c'eſt pour cela qu'il ne nourrit plus encore
qu'il récrée comme les Eſprits.

En troiſiéme lieu : Que tous Vegetaux
ne ſont point deſtinez pour nourrir ; quelques-uns étant réſineux, boiſeux, ou de
nature rebelle au Ferment de l'eſtomach,

qu'on rejette , & qui peuvent interrompre
la digeſtion , mais jamais apaiſer l'apetit ;
& quelques autres ſont d'un exterieur malin , ce qui fait que l'eſtomach les abhorre.

En quatriéme lieu : Que tout ce qui eſt
digeré dans l'eſtomach , eſt reçû dans
l'œconomie Vitale , dans laquelle s'il in-
troduit quelque qualité étrangere , elle
devient bien-tôt ennemie , & engendre de
mauvais ſang.

En cinquiéme lieu : Que tout ce qui
eſt rejetté , ou par vomiſſent, ſi la malice eſt aparente , ou par le ſiege, ſi elle
l'eſt moins , eſt conduit comme un ennemi dans les lieux convenables aux excremens , d'où venant à recevoir le Ferment , il produit un gas malin & venimeux , qui réſout & corrompt les ali-
mens des inteſtins d'où procedent ces
tranchées cruelles & ces vilaines ſelles in-
ſuportables.

Et en ſixiéme lieu , qu'en conſequen-
ce de cette malignité , l'entiere maſſe
du chyle qui ſe trouve dans l'eſtomach ,
& le chyle à demi changé qui eſt au paſſage de l'eſtomach vers les meſaraïques eſt
rejetté comme impropre pour la nourriture. De ſorte que quelque boüillon

qu'on prenne il est aussi-tôt infecté, vi-
tié & rejetté, jusqu'à ce que le caractere
malin & imprimé en soit entierement ef-
facé. Et c'est là le grand effet de l'Art des
Gallenistes.

Delà nous pouvons recüeillir, apuyez,
sur un fondement inébranlable, que ce
qui est Medecinal, n'est point, ou ne doit
point être sujet à la digestion transmuta-
tive de l'estomach : car autrement il devient Vital & cesse d'être Medecinal. Car
tout ce qui est étranger, encore qu'il ne
fut que la vie moyenne, ses legeres qualitez du *Magnum oportet*, se doivent soû-
mettre à la Jurisdiction des differentes di-
gestions, autrement le tout est abhorré
comme ennemi.

Mais les Eeßences spirituelles, encore
qu'elles soient contenuës materiellement
dans de differens composez, ne peuvent
pas neanmoins être mises au jour, par la
seule digestion de l'estomach, qui fait un
changement formel dé ce qu'il ne peut
réduire en chyle ; qui est bien differend,
de ce qui se peut faire par Art, par l'adition d'un Ferment differend. Car ce que
produit l'estomach par le moyen du raisin
n'entre point en comparaison avec ce noble Esprit que l'Art sçait tirer du Vin, qui a
été fait du jus des grappes.

La production même suit la dispoſi-
tion de la matiere , comme il eſt évident
dans le ſuc des grappes, que l'Artiſte a ſon
plaiſir, aprés la fermentation, peut changer en Vinaigre , ce qui ſans fermentation
ſe corromproit ſeulement & deviendroit
de mauvaiſe odeur. Comme aprés la fermentation il peut devenir Vineux ou Acide à la volonté de l'Artiſte. Productions
tres-differentes de la même matiere ou
ſubſtance. Mais que ceci ſoit dit en paſſant. Dans mon Traité de la Methode &
du Myſtere de la Medecine , je manie-
rai ce ſujet tout au long & à deſſein.

Les Remedes specifiques aprochans de ceux qu'on prépare par l'Alkaeſt.

NOus avons traitté dans le Chapitre précedent de l'uſage qu'on pouvoit faire des Alcalis, pour meurir, pour corriger & pour préparer les Vegetables, par lequel ils deviennent des inſtrumens admirables dans la main d'un diligent Medecin, pour effectuer, avec l'aide de Dieu, la gueriſon de toutes les eſpeces de Maladies, encore que non de chaque Maladie de chaque eſpece.

Ce que nous avons fait plus en general dans ce Chapitre en rendant compte des cruditez & des imperfections qui accompagnent les Vegetaux; de la viſcoſité terreſtre qui ſe trouve mêlée dans toutes les infuſions, extractions, ou décoctions des ſimples les plus benins, & de la malignité du venin des Plantes les plus dangereuſes, qui rendent les Remedes contre

les Maladies , finon dangereux, aux moins
fouvent impuiffans & imparfaits.

Nous y avons fait voir que rien de corporel ne pouvoit être admis dans la feconde , & par conféquent dans la troifiéme digeftion , à moins qu'il ne fut ma-
ceré par le Ferment de la premiere ; que
tout ce qui étoit digeré de la forte deve-
noit un chyle nutritif & ne pouvoit plus
être regardé comme Medecine , & que fi
quelques qualitez étrangeres le rendoient
impropre pour la nutrition , l'Archée qui
eft le Lieutenant de Dieu , & qui s'en
aperçoit bien vite , le rejette tout d'un
trait. Ou s'il arrivoit qu'il reçût l'action
du Ferment des excremens des inteftins , il
excite un gas fermentatif qui caufe des
trenchées , des vents & des diarées , que
l'on apelle purgations, par méprife , n'é-
tant en effet que l'impreffion venimeufe
que les inteftins en ont reçûë.

J'y ay fait voir , que quelques vertus
qu'un fimple puiffe avoir ; le Crafis en eft
renfermé dans la vifcofité ou gomme,
comme dans l'écale d'une noix , à moins
qu'il ne foit un Alcali volatile, qui eft évident en plufieurs fimples , mais qui eft encore mieux envelopé de la feculente vifcofité dans laquelle il eft uni.

J'y

J'y ay aussi fait voir, que l'estomach
ne desire rien que ce qu'il peut digerer,
ou changer en nourriture, & que l'objet nutritif qu'il recherche, est renfermé dans la substance gommeuse ou visqueuse, qu'il change en chyle en la digerant & non en une Medecine. Car il
rejette ce qui ne lui est point propre, sans
considerer les vertus secrettes Medecinales, qui y peuvent être renfermées, dont
il ne prend pas de connoissance.

Je viens maintenant à la vraye préparation Philosophique des Medecines réelles & veritables, dont je vas faire le caractere en deux mots pour la satisfaction
du Lecteur ingenieux.

Premierement donc, pour soûtenir ce
que j'ai condamné touchant les Medecines
des Methodistes : je dis que les cruditez en
sont ôtées, ou par Ferment, ou par adition de quelque chose qui ait une vertu
fermentative. Car bien que dans le Chapitre précedent, j'aye proposé la décoction, comme un Remede convenable
contre les cruditez : je n'ay pas pour
cela entendu qu'une simple décoction
soit le propre moyen pour la préparation d'une Medecine. Car premierement
elle ne sépare pas la partie gommeuse

de la partie saline., ce qui est absolument necessaire dans la préparation regu-
liere des Medicamens. Et en second lieu
parce qu'encore que le feu ne change pas
absolument les qualitez d'un simple dans
une décoction humide ; il doit neanmoins
les alterer, principalement s'ils sont odo-
rants , ou si le Crasis en subsiste dans un
Soulphre essentiel & subtil , comme la Canelle , la Muscade , le Macis ,&c,

De sorte que si dans la préparation de
ces choses on use de décoction , il faut faire en sorte que l'odeur & les parties essentielles en soient conservées , afin qu'étant
réünis de nouveau & plus intimémen
joints avec leurs propres substances plus fixes , ils puissent devenir ensemble un Elixir.

Secondement , quand une convenable
préparation distingue ce qui est gommeux,
de ce qui est purement salin ; soit en les sé-
parant l'un d'avec l'autre, ou en macerant
la viscosité terrestre , & par une digestion
secrette la changeant en un Soulphre spirituel , ou en un *Sel* dissoluble. Car les
Sels & les Soulphres ne sont que *seminum
tori* : déguisemens sous lesquels le Crasis
du simple est masqué , & sont successive-
ment transmuables l'un en l'autre. Ainsi

le suc des grapes, étant boüilli, les parties aqueules en sont évaporées, & il reste un Rob gommeux ou vilqueux, qui par fermentation devient volatil, ou un Soulphre spirituel, ou un Esprit brûlant, qui par le moyen de l'Esprit d'Urine rectifié, est entierement changé en un Sel volatil. Rien ne peut être plus clair que cet exemple, pour nous convaincre de ces principes, que plusieurs formes de même substance se peuvent changer de l'une en l'autre ; une terrestre viscosité est changée en un Esprit volatil totalement inflammable, & ce dernier en un Sel réel & pur non inflammable. Et ainsi d'un autre côté, le changement du *Sel* en *Soulphre* est tres-évident dans la distilation du Tartre, qui étant entierement salin & dissoluble dans l'eau, par simple distilation est changé pour la plûpart en huile qui ne se mêle point avec l'eau.

Quand le concret est une fois ainsi changé, pour lors il n'est plus sujet à la digestion de l'estomac, comme il étoit auparavant. Mais s'il est un Soulphre huileux, tel que le sont les huiles distilées principalement celles qui sont tirées à fort feu sans eau, elles resistent au Ferment stomachique, & deviennent offensives plu-

fieurs heures aprés qu'on les a prifes, ou
jufqu'à ce que la plus grande partie en ait
paffé avec les excremens pour être renduë
par le fiege ; & qu'une partie d'icelle, principalement les effentielles, qui ont été tirées avec l'eau, n'étant nullement enne-
mies, font admifes dans la feconde digeftion où changeant leur graiffe volatile en
un Sel urineux, elles paffent dans les Urines, comme il eft évident par l'huile de
Therebentine, de Macis, de Mufcades,
&c. dont les Urines rendent l'odeur quelque heures aprés qu'on les a prifes.

Mais fi un Sel volatil eft fait d'huile ou
teinture des Vegetaux, pour lors il n'a pas
befoin d'un autre changement, l'Alcali de
ce Sel fe remplit de l'Acide de l'eftomach,
& paffe enfuite dans la feconde digeftion
& de celle-là dans la troifiéme, réfolvant
en paffant toutes les coagulations contre
Nature, qui font la caufe de toutes les obftructions, & les ayant diffoutes, il les
chaffe par les fueurs ou par les Urines.

Il eft vray que ce Sel en paffant de la
forte dans l'eftomach en reçoit de l'acidité,
la répletion de fon Alcali, s'il eft lixivieux:
mais cela ne doit être non plus compté
pour tranfmutation, que lorfque l'Alcalis eft foulé d'Efprit de Vinaigre par de

différentes imbibitions , par lesquelles il
reçoit de l'alteration , mais non pas une
transmutation , proportionnellement en-
tenduë en ce cas. Ce Sel étant de nature
dissoluble , & de nulle maniere ennemie
est reçû sans scrupule & fait hommage aux
fermens, c'est à dire qu'il prend un caractere externe de leur qualitez , au moins il
ne leur montre aucune resistance, & ainsi
passe avec le chyle aux Mesaraïques, étant
premierement revêtu de l'habit externe
des lieux par où il passe, comme un Ami é-
tranger, agissant en chemin faisant conformément aux vertus specifiques qu'il a
reçûës du Créateur, lesquelles demeurent
& ne sont totallement éteintes , jusqu'à
ce qu'il arrive proche de la quatriéme digestion : parce qu'il n'est admis que comme étranger, au lieu que s'il avoit été fait
un avec le chyle destiné pour la nutrition,
il ne pourroit pas être reçû au premier pas
de la seconde digestion qu'il ne fut totallement dépoüillé de toutes les qualitez qu'il
possede en lui-même. Et c'est-là la difference qu'il y a entre être reçû avec les matieres digestibles qui passent d'une digestion en une autre , comme Ami étranger ,
& être reçû formellement en la substance
de ce qui est digeré , l'une est l'accueil d'un

noble Medicament, & l'autre la reception
d'une viande destinée pour la nutrition.

On pourroit découvrir ici plusieurs choses dignes d'être connuës , sur ce sujet :
mais la brieveté que je m'y suis proposé ne
me le permet pas , n'ayant eu dessein d'y
traiter en peu de mots , que de ce qui doit
suffire à un Artiste diligent , pour le four-
nir d'un nombre de Remedes specifiques
suffisant pour la guerison de toutes les es-
peces de Maladies ; au défaut des plus
grands & des plus rares Arcanes , plus difficile à préparer. Mais il faut aussi demeurer d'accord que la guerison des Maladies
par cette voye demande bien plus de soin
& de jugement que l'administration de ces
Remedes qui agissent *in tono unisono* , comme parle Van-Helmont. Mais aussi est-ce
pour cela que faisant le dénombrement de
ses Sels fébrifuges , qui peuvent supléer
au défaut de son Or horizontal , il ajoûte,
que s'ils sont donnez en une dose convenable , en un tems propre & le Malade
bien disposé , ils n'exposeront jamais un
sage Medecin au mépris.

Mais enfin nos Medicamens par une
dûë préparation perdent tout leur venin.
La Vipere y perd le sien , ensorte que nous
pouvons en toute sureté faire de la Teria-

que de ſa chair. Le paſſage à l'Arbre de
Vie, s'il m'eſt permis de faire cette alluſion,
nous eſt ouvert par ce moyen, ayant apai-
ſé la colere du Cherubin dont l'épée flam-
boyante en défendoit l'entrée. Dieu ſoit
beni à jamais, de ce qu'il nous a invitez à
ces préparations, bien differentes de la
confuſion & du mêlange des Drogues de la
Methode ordinaire.

Mais pour ne tenir pas le Lecteur davantage en ſuſpens, entrons dans la préparation veritablement Philoſophique des
Remedes que j'entends, qui ſe peut faire
ſans l'Alkaeſt.

L'Art de cette préparation n'eſt qu'un
Commentaire pratique ſur le Teſtament
de Van-Helmont; pour ceux qui n'ont pas
encore été aſſez heureux d'éprouver la vertu de ſon grand Circulé, ou de ſa Liqueur
immortelle. Mon avis, dit-il, dans ſon
Traité: *Pharmaca polium ac Diſpenſatorium
modernum.* N'eſt pas que l'on châtre les ſimples qui ont de grandes & d'excellentes
vertus, mais qu'on les rende meilleurs
par Art, en ſuſpendant leur virulence, en
ſéparant leurs qualitez cachées, & en changeant leurs qualitez nuiſibles en d'autres.
Ce qui ſe peut faire par l'adition d'un Ferment ou de quelque puiſſant *medium.*

Pour élaircir ceci, je dois remettre dans
l'Efprit du Lecteur, ce que nous avons
déja dit : Que la crudité & le venin des
Vegetaux s'ôte peu à peu par la décoction
jufques à l'entiere extinction ; de même
que les cercles qui fe forment fur l'eau cal-
ment par le jet d'une pierre fe diffipent peu
à peu & ceffent de paroître.

Mais nous ne propofons pas cela comme la meilleure préparation, parce qu'elle
laiffe la vifcofité gommeufe fans alteration, ne pouvant être furmontée que par
un Ferment, qui la rendre volatile, ou
par un Agent convenable, qui ait la vertu de la féparer. Mais principalement, à
caufe que le feu peu à peu affoiblit le Crafis fpecifique du Vegetal qu'il cuit. C'eft
pourquoi la voye la plus Philofophique &
la plus excellente pour en venir à bout, eft
par l'adition d'un Agent qui foit pénetrant
& fermentatif, afin qu'il puiffe fans alteration fenfible de chaleur, par une fecrette
circulation executer parfaitement ce que
la fimple décoction ne peut faire qu'im-
parfairement.

Un tel Agent doit être recherché diligemment & beaucoup eftimé quand on la
trouvé. Or on le peut rencontrer dans la
famille des Alcalis, la Nature ne produi-
fant

fant rien aprés le grand Diſſolvant qui leur
ſoit comparable, pour effectuer plus exactement ce que les Artiſtes recherchent ;
quand il tombe entre les mains d'un homme d'eſprit & non d'un Imaginaire mal-
adroit.

J'ai fait entrevoir dans le Chapitre précedent que les Alcalis pouvoient à la fois
meurir les cruditez, ſéparer la gommeuſe
viſcoſité & corriger le venin des ſimples.
Ce que je n'ay fait que pour qu'on jugeât
du Lion par ſon ongle, ou de toute leur
vertu par cet échantillon : n'ayant pas eu
deſſein par là, d'en déterminer l'étenduë,
mais d'indiquer un eſſai de ce qu'on en
pourroit attendre ſi ils étoient perfection-
nez par un Artiſte ingenieux & prudent.

Une preuve ſenſible de ce que j'ai dit,
eſt en premier lieu, la crudité meurie par les
Alcalis : car on ne peut pas douter que la
crudité ne cauſe de la corruption dans les
choſes corruptibles telles que les Vegetables, puiſque ſi on les preſſe étant encore
humides, ils s'échauffent en peu d'heures ;
ce qui marque une putrefaction prochai-
ne, puiſque ſi on les expoſe à l'air étant
ſecs ils perdent leur vertu en peu d'années,
même il s'en trouve qui la perdent en peu
de mois ; & puiſque ſi on les humecte étant

L

secs ils font tout auſſi-tôt corrompus , la racine en devenant puante & pleine de vers , &c. Cette crudité n'eſt ôtée qu'en partie par la ſeule décoction. Car nos viandes, & nos legumes ſimplement boüillies , ne laiſſent pas de s'aigrir , de ſe corrompre & de s'empuantir , encore que moins vite cuites que cruës.

Mais par le moyen d'un Alcali la crudité eſt ôtée des Vegetaux de la même maniere qu'on l'ôte des Cadavres qu'on embaume par le moyen de la Myrrhe ou des autres Aromates. Ce qui fait qu'on peut par cette voye conſerver les uns & les autres pendant pluſieurs années. Car les Alcalis préſervent les Vegetaux de fermentation & de corruption.

Il eſt vrai que les choſes confites de la ſorte , ont toûjours un mouvement interne maturatif qui les pouſſe de jour en jour à une plus grande perfection , juſqu'à ce qu'elles ſoient parvenuës à l'état d'un Sel eſſentiel qui termine ce mouvement : mais cela ſe fait ſans aucune tranſmutative fermentation , ou putrefactive corruption. De ſorte que les Vegetaux ainſi confits ſont dans un mouvement progreſſif de ſe perfectionner ſans rien perdre de leurs anciennes vertus ſpecifiques qui augmentent

&graduent, & ne s'éteignent pas comme il arrive en toute transmutation.

En second lieu, la séparation de la terrestreïté gommeuse est évidente dans l'exemple suivant. Dissolvez de l'*Opium* dans de l'eau pure ou dans de l'Esprit de Vin. Filtrez cette dissolution exactement, & ce qui aura passé par le filtre sera tresclair & transparent: cependant si vous versez dessus une pareille quantité de lessive de Tartre tres forte, vous apercevrez aussi-tôt, outre une odeur forte d'urine, une séparation d'une aussi grande quantité d'un caillé résineux, que si vous aviez mêlé ensemble du Vin avec du Lait chaud. Exposez ce caillé sur une chaleur à boüillir doucement jusqu'à ce qu'il soit uni avec la Liqueur ; puis filtrez de nouveau, & vous trouverez une substance résineuse ou gommeuse de la couleur de l'Aloës, brisante, amere & stupefiante. On en peut faire de même des autres simples, comme de l'Absinte, de la Ruë, du Chardon, &c. Il faut seulement faire en sorte que l'infusion soit aussi remplie du simple que la Liqueur en aura pû prendre. Rien ne peut être plus évident.

En troisiéme lieu, pour ce qui regarde le venin des Vegetaux, J'en ay dit assez

dans le premier Chapitre pour faire connoître qu'il n'y a point de Vegetal pour
dangereux, pour venimeux, ou mortel qu'il
foit qu'étant boüilli dans de l'eau avec une
quantité fuffifante d'Alcali il ne foit entierement corrigé, quant à fa malignité, encore qu'en quelques-uns il puiffe demeurer
quelques mauvaifes qualitez, que le tems
efface neanmoins peu à peu entierement.

Mais encore que les Alkalis & les Vegetaux fe mêlent enfemble dans la décoction, ils ne s'uniffent pas fi-tôt radicalement, comme on le peut démontrer clairement par cette pratique : faites une décoction d'*Opium* ou d'Aloës, par le moyen
de l'Alcali, filtrez-là auffi exactement que
vous pourrez, & la mettez dans une bouteille de verre, & peu de femaines aprés
vous trouverez les côtez & le fond de la
bouteille foüillez d'un refidence vifqueu-
fe ou gommeufe. Ce qui prouve évidem-
ment que la vifcofité n'a pas été totalement domptée par cette courte décoction,
outre que l'Alcali conferve fon ancien
goût de leffive, qu'il ne perd qu'aprés
un long-tems, & quand les matieres ont
agi les unes fur les autres qu'elles fe criftalifent en un Sel neutre different de la for-

me du Sel leſſivieux & du goût du premier Alcali ; de ſorte que juſqu'a ce que cela arrive , on ſe doit attendre à quelques fâcheux effets de ces legeres préparations , qu'on doit attribuer à la coroſion de l'Alcali , qui eſt toûjours ennemie de l'eſtomach , & au Vegetable dont la vie derniere n'eſt pas encore éteinte entierement par ces préparations triviales.

Inconveniens dont les Artiſtes s'étant aperçûs , & ayant conſideré qu'une digeſtion ennuyeuſe en étoit l'unique remede, ont recherché avec ſoin les moyens de l'abreger , par quelques manieres ingenieuſes.

Car les Liqueurs aquierent leur maturité avec le tems , témoin les Vins genereux & les fortes Bieres ; Mais ils demandent encore d'être excitez par quelque Ferment Acide , qui cauſe en eux une forte ébulition, qui venant à ceſſer , un Ferment plus caché travaille inviſiblement & imperceptiblement perfectionnant ce que l'ébulition n'avoit fait que commencer. De ſorte qu'aprés un long tems les Vins deviennent genereux , étincelans , vigoureux & balſamiques.

Mais les Alcalis étant tout à fait repugnans aux Acides , il ne faut pas attendre

d'eux de pareilles Fermentations. D'où il
arrive que les Liqueurs qu'on prépare par
leur moyen n'arrivent à leur plus haute
perfection que dans un tems bien plus ennuyeux, à moins qu'on ne l'abrege par
l'induſtrie de l'Art.

Auſſi eſt-ce le Secret le plus important
de la vraye Pyrotecnie, d'acourcir le tems;
l'homme n'ayant rien de plus précieux;
Mais il n'y a rien de plus difficile pour les
demi-Sçavans ou préſomptueux imaginaires. Conſiderez donc la Nature dans ſes
Operations journalieres, comment par les
viciſſitudes du froid & du chaud, du ſec &
de l'humide, du jour & de la nuit, elle conduit le Fer & l'Acier le plus dur, le Bronze
& le Marbre le plus permanent, à ſe cor-
compre d'eux-mêmes, par le moyen de l'air
& du feu naturel, qui eſt la vertu Fermentative. Conſiderez combien les Fermens
ſont convenables dans leur propre lieu, ou
une ouverte ou cloſe digeſtion eſt requiſe.
Car il faut qu'un veritable Enfant de l'Art
connoiſſe parfaitement l'uſage de l'air &
du feu, du ſec & de l'humide, du chaud &
du froid, ces choſes faiſant tout le Myſtere
de la vraye Chymie, le reſte n'étant que
pures bagatelles.

Les Alcalis doivent donc être corrigez

eux-mêmes fi on veut qu'ils corrigent les fimples ; ils doivent être exaltez dans leur propre nature, fi l'on veut qu'ils puiffent tirer la teinture des autres chofes, & la pouffer dans fa plus haute excellence.

Car de leur fimple nature fixe, ils font cauftiques, ignées & de qualité lixivieufe, qu'il faut ôter, afin de leur donner la vertu balfamique féminale dont ils manquent & de furmonter leur fixité corporelle, afin qu'ils puiffent devenir volatils.

Mais il faut obferver qu'il y a une auffi grande difference entre les Alcalis qu'on peut volatilifer, & les Alcalis qui le font déja, qu'il y en a ntre les chofes qu'on peut diftiller ou fublimer & les chofes qui font déja diftillées ou fublimées: les unes étant capables d'être diftillées ou fublimées, & les autres l'étant actuellement.

Les Alcalis diftillez ou réduits en Efprit font pouffez au plus haut point d'excellence qu'ils le pouvoient être. C'eft de cet Efprit dont Van-Helmont a dit, qu'où il ne peut pénetrer, rien au monde ni peut atteindre.

On le peut obtenir par divers moyens ; les uns de moindre efficace que les autres. Faites en forte d'en avoir de vertu aprochante de celle du grand Diffolvant

fi vous voulez poſſéder des Remedes excellens.

Or les Alcalis ſe peuvent volatiliſer
en deux manieres , par alcoolization , &
par elixiration.

L'Alcoolization eſt une imbibition &
une circulation d'un Eſprit volatil ſur un
Alcali fixe , juſqu'à ce que des deux , il ſe
faſſe une production neutre differente de
l'un & de l'autre.

Et parce qu'il eſt de trois ſortes d'Eſprits ; d'Acides , d'Urineux ; & de Vineux;
On peut faire de trois ſortes d'Alcalis Al-
cooliſez ; auſquels on a donné les noms :
d'*Arcanum ponticitatis* ; d'*Arcanum micro-
coſini* ; & d'*Arcanum Samech.*

L'elixiration ſe fait par l'imbibition d'u-
ne huile eſſentielle ou diſtilée , ou par l'imbibition des teintures ſur un Alcali , juſqu'à ce que des deux il ſe faſſe un Elixir ou
Sel volatil ; de laquelle on pourra trouver
autant d'eſpeces , qu'il eſt de differentes eſ-
pçces d'huiles eſſentielles ou diſtilées.

De toutes ces operations l'Alcali Alcoo-
liſé par un Acide où l'operation de l'*Arcanum ponticitatis* , eſt la plus aiſée. Car il
ſe trouve une telle antipatie entre un Alcali & un Acide , que le mêlange ne s'en
peut faire ſans ébulition , qui ne ceſſe qu'à

mesure qu'on verse de nouvel Acide sur l'Alcali. De sorte que lorsque l'ébulition cesse, c'est une marque que l'Alcali est raf. fasié d'Acide.

Par le moyen de ces Esprits l'Alcali perd sa corrosion ignée & devient volatil. Ce qu'un Artiste expert peut executer par des cohobations réïterées, que l'on pourroit plûtôt apeller des imbibitions. Car si un Alcali ne vouloit plus d'Esprit, ne faisant plus d'ébulition lorsqu'on verseroit dessus de l'Acide. Si on le mêloit avec du bol, & qu'on le distillât à la maniere de l'Esprit de Sel ou de l'Esprit de Nitre jusqu'à ce qu'il ne vint plus rien : & que l'on versât sur le *Caput mortuum* de nouvel Esprit Acide Alcoolisé jusqu'à le rassasier de nouveau, & qu'on le distillât de nouveau à fort feu, répetant ce travail jusqu'à ce que tout l'Alcali fût monté avec l'Esprit Acide. Pour lors on auroit un excellent Esprit alcalisé. On le pourroit faire avec l'Esprit de Vitriol, l'Esprit de Sel, l'Esprit de Nitre, le Vinaigre distillé ou avec tout autre Esprit Acide. Et l'Esprit ainsi alcalisé peut être apellé *Acetum forte*, *Acetum radicis*, *&c.* comme l'apelle Paracelse.

Mais pour ce qui regarde plusieurs excellentes préparations d'Alcalis qu'on peut

faire fans diftilations : il fuffira de les rendre volatils , en les imbibant d'un Efprit ,
jufqu'à ce que d'eux & de cet Efprit on ait
produit un Sel , qu'on féparera d'un flegme infipide , & qu'on joindra avec la teinture d'un vegetable rectifiée , les digerant
enfemble jufqu'à ce qu'ils fe criftalifent en
la forme d'un Sel teint , qui contiendra le
Crafis du vegetable.

Même l'Alcali mêlé fimplement avec
un Efprit Acide , foit de Vitriol , de Soulphre , de Nitre , de Sel commun ou d'autre Sel , produira un excellent déterfif &
diuretique tel que celui qu'on connoît fous
le nom de Tartre vitriolé , qui fera excellent fi on le fait avec le Sel de Tar-, calciné *perfe* , dans le four d'un Potie., & a-
vec de bon Efprit de Vitriol verfé deffus,
jufqu'à ce qu'il ne faffe plus d'ébulitions :
car étant fec il deviendra un agréable Remede tres-blanc, dont la dofe depuis dix
jufqu'à vingt grains fe pourra prendre tous
les matins , pour netoyer l'eftomach , ré-
foudre les obftructions des Méferaïques.
On le pourra donner avec fuccés , comme
un puiffant déterfif dans les Fiévres aiguës , dans le Jauniffe , dans le Scorbut,
même contre les vers des Enfans, contre
les cruditez de l'eftomach qui caufent les

indigeſtions , & contre d'autres accidens
ſans nombre.

Si ce Sel eſt mêlé avec de l'Eſprit de Nitre , on aura un Tartre nitrifié plus fuſi-
ble que le précedent , tres-froid ſur la langue , qui ſera un excellent déterſif dans les
Fiévres chaudes & putrides , dans la Gra-
velle , dans les ardents d'Urine , dans les
chaleurs d'entrailles , de dos & de reims ,
& dans d'autres accidens cauſez par les dé-
fauts de la premiere & ſeconde digeſtion.

Et ſi on le mêle avec l'Eprit de Sel commun ou avec l'Eſprit de Soulphre , on en
fera d'autres excellentes préparations.
Mais on en feroit encore de plus excellentes , ſi on uniſſoit ce Sel avec des teintures
de puiſſans Vegetables dont la malignité
auroit été corrigée auparavant. Ce Sel en
une dûë proportion étant diſſout dans une
Liqueur convenable & digeré avec cette
teinture , juſqu'à ce que le mêlange en de-
vint tres-clair & tranſparent , & que les
feces en fuſſent entierement précipitées ,
pour lors ſi l'on verſoit la Liqueur claire &
teinte par inclination , qu'on la fît évaporer à feu doux , juſqu'à la pellicule , & qu'on
l'expoſât au froid , elle ſe criſtaliſeroit en
un Sel tres-pur , teint de la vraye teinture.

du Vegetable & qui en retiendroit le goût, l'odeur & la vertu.

De forte que de l'Helebore blanc ou noir, de l'*Opium* ou de tout autre fimple qui donne fa teinture dans de l'Efprit de Vin, on poutra faire un Sel, qu'on nommera du nom du fimple qu'on aura joint au Tartre, comme *Sel* d'Helebore, d'*Opium*, de Jalap, &c. qui outre la vertu déterfive du Sel de Tartre, aura encore la vertu fpecifique du fimple, par le moyen duquel un diligent & induftrieux Medecin pourra avec l'aide de Dieu guerir plufieurs Maladies defefperées.

Mais cette voye de préparer les Sels étant inferieure à d'autres préparations dont je dois parler par ordre, & principalement de celles qui fe font avec l'Efprit de Vinaigre, qui n'eft autre chofe qu'une Liqueur dont le baume vineux eft éteint. Car l'Acide moderé qui caufe la Fermentation, le détruit quand il eft trop exalté, & rend le corps du Vin piquant, corrofif, & defagreable à la Nature : Mais pris moderement aiguife l'apetit, aide la digeftion des groffes viandes comme du bœuf principalement gras & froid, & des mets cruds comme des fallades, &c.

Mais quoique les Efprits de Nitre, de

Vitriol, &c. diſtilez a feu violent ſoient
tres-corroſifs & tres-déterſifs, manquant
de toute vertu ſéminale balſamique, ils
doivent neceſſairement offenſer l'eſtomach, par leur nature corroſive. Car
quoique leur acidité apaiſe la ſoif, elle eſt
neanmoins bien differente de l'acidité de
l'eſtomach qui eſt fermentative. C'eſt
pourquoi il faudroit que cette derniere
changeât la premiere en ſa propre nature:
difficulté dont on fait Juge les Philoſophes.
Car l'Acide de l'eſtomach peut aiſément é-
teindre la vertu lixivieuſe d'un Alcali,
pourvû que l'Alcali ne ſoit pas en trop
grande quantité, puiſque l'Antipatie viſi-
ble entre ces deux choſes en fait foi. Car il
eſt ſans doute que l'Acide ſuperflu de l'eſ-
ſtomach peut être éteint par une doſe convenable d'Alcali ſans incommodité, & que
cela ſe pouroit faire journellement avec
ſuccés, lorſque l'Acide de l'eſtomac eſt trop
abondant : Car l'Alcali ainſi raſſaſié devenu doux, acheveroit de ſe temperer avec
l'Acide du chyle & pourroit paſſer dans la
ſeconde digeſtion, où il ſe revêtiroit d'un
habit ſalin. Mais qu'un Acide agiſſe ſur
un Acide, ou un Alcali ſur un Alcali, l'un
n'eſt pas plus croyable que l'autre. Et de
penſer que l'Acide de l'eſtomach pourroit

souffrir l'Acide d'un mineral non éteint , se
seroit s'imaginer que la Nature manque-
roit de discretion. Que ceci soit dit pour
ceux qui donnent trop aux Acides, & principalement aux Esprits Acides corrosifs,
afin qu'ils prennent garde à n'en user que
lorsqu'il est necessaire de netoyer les impuretez du gosier & de la bouche de l'estomach ; car pour lors ils pourront s'en servir en une dose convenable , pourvû que
ce ne soit pas pour long-tems ni en une
trop grande quantité. Ce fut sur ce fondement que le prudent Van-Helmont s'a-
puya dans l'Ordonnance d'un Malade
dont il nous raconte l'histoire dans son
Traité *Arbor vitæ* , il lui ordonna d'user
avant ses repas de deux gouttes de veritable Esprit de Soulphre afin de nettoyer les
ordures de son estomach , en empêcher les
indigestions , & de prévenir la corruption
de son boire & de son manger par le *Gas*
du Soulphre. Ayant par ce moyen vécu
quarante ans sans incommodité , encore
qu'il en eût déja soixante & huit quand on
le lui donna. On doit profiter de cet Exemple , en considerant son intention , pour
ensuite apliquer ses Remedes , & si ils n'é-
toient pas tels qu'on le desire , il faudroit
les y pousser par Art , autrement on ne seroit pas Philosophe.

Tout Acide comme Acide eſt corroſif
& boüillonne plus ou moins, comme le
Vinaigre blanc, ou de Vin de Rhin ſur les
yeux de Cancres. Mais aucun n'eſt comparable à l'Acide de l'eſtomach, qui eſt
ſans pareil, different dans tous les Animaux, & l'inſeparable compagnon de la
vie.

Or un grand nombre d'Acides, même
ceux qui n'ont aucunes qualitez venimeuſes, aident la digeſtion à cauſe qu'ils ſont
déterſifs, & qu'ils diſſoudent quelques
féces qui affectent & qui affligent, c'eſt à
dire qui bouchent & empêchent l'activité
des premiers organes qui ſervent à la faculté de l'apetit & de la digeſtion.

Il ſe trouve de pluſieurs eſpeces d'Acidi-
tez ; quelques-unes ſe changent d'eux-mêmes par la ſechereſſe, comme dans les feüilles tendres de Vigne, & dans les petites grapes verdes ; d'autres par digeſtion comme
dans le ſuc des Citrons & des Oranges ;
d'autres par une legere action ſur un objet
convenable ; comme celle du Vin blanc
ſur les yeux de Cancres. C'eſt pourquoi
l'experience nous a apris à manger des Citrons & des Oranges, & à boire du Vin
blanc avec du Sucre, ce dernier agiſſant
ſur les premiers dans la digeſtion meuriſ-

fante de l'eſtomach , les rend rafraichiſſant , deterſifs & diuretiques.

Mais l'Acidité du Vinaigre , étant une
production du Vin, qui a trop boüilli , ou
qui s'eſt trop échauffé , eſt d'une nature
qui reſiſte d'autant plus à l'eſtomach qu'elle eſt plus éloignée du Vin , qui en eſt le
refrigeratif. C'eſt pourquoi ſi l'on en fait
du Syrop avec une doſe médiocre de Sucre , il cauſe le vomiſſement à quelques-
uns ; encore que ceux qui ſont d'un temperament fort en uſent avec ſuccés , avec
les viandes de dure digeſtion , telles que
le bœuf rôti ou boüilly , quelques-uns y
ajoûtant la moutarde. Sur quoi on doit
remarquer que les groſſes viandes ou les
herbes cruës qu'on mange avec le Vinaigre , comme ce dernier épuiſe deſſus toute
ſon activité , il les prépare par ce moyen
pour le Ferment ſtomacal , & pour lors l'e-
ſtomach le digere avec les viandes, n'étant
pas plus Acide, que l'Acide de l'eſtomach ,
il ne peut plus reſiſter à ſon Acidité fermentative.

Quand aux Acides des Minéraux & des
autres productions du feu de réverbere ,
qui ſont auſſi brûlant que le feu : tels que
les Eſprits de Vitriol , de Soulphre , de Sel
commun , de Nitre , de Salgemme , &c.
Ceux

Ceux qui font Mineraux, ne manquent
pas d'être foupçonnez de la malignité ar-
cenicale. C'eft pourquoi l'on en doit ufer
avec précaution & avec difcretion, autrement, leur Soulphre venimeux ou leur Vitriol mêlez d'Arcenic, ne fruftrera pas
feulement de l'efperance du fecours qu'on
en attendoit, mais ils offenfent le Malade
à la confufion du Medecin.

Pour les Efprits Acides du Nitre & du
Sel commun entre tous les autres ils font
les moins foupçonnez de venin. Il faut
feulement que celui qui veut s'en fervir
avec fuccés prenne garde à la dofe & à la
répe ition.

En voila affez touchant la Nature déterfive des Efprits Acides, & les précautions
neceffaires pour leur ufage. Nous ajoûte-
rons maintenant quelque chofe touchant
les Alcalis, à les regarder dans leur nature corrofive & lixivieufe, afin que de l'examen de chacune de ces deux chofes, comme elles font en elles-mêmes, nous puif-
fions faire une troifiéme production r eu-
tre, participante de la nature déterfive de
l'un & de l'autre de fes parens.

Nous difons donc que les Alcalis font
de nature auffi déterfive que faline, mais
auffi ennemie de l'eftomach que la nature

M

lixivieufe & cauftique. La raifon en eft é-
vidente au moins clair-voyant, parce que
de la contrarieté qui fe rencontre entre les
qualitez lixivieufe & acide, fi elles font en
un haut degré , il en réfulte une actuelle
chaleur, comme il en arrive une dans l'extinction de la chaux vive , & dans le mêlange de l'huile de Vitriol avec le *Sel de
Tartre* exactement calciné : Et l'Acidité la
moins perceptible ne fe peut rencontrer
avec la moins actuelle ou potentielle, vertu lixivieufe d'Alcali, qu'il ne s'en en fuive auffi tôt une tumultueufe refiftance entre ces deux chofes , comme entre tout Sel
Alcali & le Vinaigre , ou entre le Vin le
moins Acide & la poudre des yeux de Cancres. Et cette agitation ne finit que lorfque l'Acide ou la lixivieufe qualité , où
toutes les deux, font mortifiées , c'eft à dire , font raffafiées & totalement éteintes ,
à moins que l'une des fubftances oppofées
ne furmonte l'autre,& ne la foûmette fous
foi.

Il s'enfuit delà , que lorfque le Ferment
ou Acide de l'eftomach eft affez fort, il ne
manque pas d'affoiblir les facultez de la
digeftion & de l'apetit de l'eftomach. Et
cet affoibliffement dans un eftomach foi-
ble eft égal à une extinction pour un tems,

qui eſt un effet ni loüable, ni à deſirer.

Et il s'enſuit auſſi de ces principes, que l'uſage des Alcalis en leur propre nature, ne doit être permis que lorſque l'Acide de l'eſtomach eſt exceſſif, à moins qu'on ne voulut rejetter l'apetit & la digeſtion qui ſont excitez & cauſez par l'Acide, qu'un Alcali en ſa propre nature contrarie.

Ainſi encore que nous ne nions pas, que les Alcalis & les Eſprits Acides ne ſoient pas déterſifs & des Medicamens loüables, lorſqu'on en uſe en tems & lieu, & qu'on les aplique avec précaution & jugement en doſes convenables : Cependant comme il ſe trouve pluſieurs cas où ils ne ſont pas propres, & ſont actuellement nuiſibles, les uns à cauſe de leur Acidité corroſive, & les autres à cauſe de leur malice cauſtique ou lixivieuſe : Nous aſſurons & arrêtons comme inconteſtables ce peu de Propoſitions qui les regardent.

Premierement, que la vertu qui ſe rencontre dans ces Sels & dans ces Eſprits, ne conſiſte point dans leurs qualitez cauſtiques & corroſives, qui ne ſont que des impreſſions du feu, qu'on en peut ôter ſans nuire à ces Sels, ou à ces Eſprits.

Secondement, que les Operations Medicinales qu'elles operent en ouvrant les

obſtructions, ils les executent bien plus
fortement quand on les a adoucis, que
pendant qu'ils avoient encore toute leur
ponticité.

En troiſiéme lieu, que les Alcalis & les A-
cides étant la production d'un feu violent,
n'ont plus en eux le Craſis ou mêlange ſé-
minal, mais ils agiſſent par leur Acide
volatil, comme l'Acide d'un Mineral,
qu'on ne peut obtenir que par un feu violent du Reverbere : Et comme le Sel fixe
lixivieux, qui ne ſe purifie que par l'action
violente du feu.

En quatriéme lieu, que lorſque ces deux
choſes ſont jointes enſemble, elles produiſent un Sel d'un doux temperament,
rafraichiſſant, déterſif, & ouvrant les obſtructions de l'eſtomach, du Pylore, & des
Meſeraïques.

En cinquiéme lieu, ce Sel étant ainſi
adouci, on en peut donner une telle doſe,
ſans incommodité, & au ſoulagement du
Malade, au lieu que le tiers de cette doſe
des mêmes matieres qui l'ont produit, données avant leur préparation auroit été dangereuſe.

En ſixiéme lieu, j'ajoûterai que la teinture de quelque Vegetal que ce ſoit, préparé, corrigé, & purifié, étant jointe à ce

Sel & digerée avec lui suffisamment, il s'en
formera des cristaux d'un Sel tres-pur, qui
aura le goût, l'odeur & les vertus du même simple.

Enfin pour conclure ce sujet, je veux donner au Lecteur un échantillon des avantages qu'il pourra recueillir de ces préparations.

Il aura des Esprits Mineraux & des Esprits Acides adoucis. Il aura des Sels corrosifs doux & tellement amis de la Nature,
qu'ils auront entrée à l'estomach, au Pylore & aux Mesaraïques, où devenant diuretiques, ils résoudront toutes les obstructions, & toutes les coagulations qu'ils
rencontreront, dont ils feront les maîtres:
de sorte qu'ils executeront aisément par
l'adition de differentes choses, devenuës
Sel avec eux selon leurs genres, ce qu'ils
n'auroient pû faire seuls & en particu-
lier.

Car ces Sels dulcifiez chacun à part
manquant de féminale ou propre détermination de leurs vertus, sont bien indé-
finiment détersifs & desopilatifs en general, dans les endroits par où ils passent;
mais cette vertu est déterminée à operer
dans la tête par l'adition des simples Ce-
phaliques, en réduisant leur teinture en

un Sel & de la même maniere , par l'adition de tout autre simple on peut faire des
Sels specifiques de tout autant de sortes
differentes qu'il y a de differentes sortes de
simples.

Mais quoique ces préparations soient
bien plus excellentes que la préparation
des Syrops & des Conserves de la Medecine Galenique , elles sont neanmoins tres-
inferieures à celles qui se font par l'Elixiration du Tartre avec les huiles essentielles , & les teintures spiritualisées & réduites en un Samech avec l'Esprit de Vin rectifié.

Car par ces moyens les Sels Alcalis sont
non seulement rendus volatils & doux, &
par conséquent innocens quoique détersifs & pénetrans , mais sont encore doüez
de qualitez balsamiques & aromatiques :
De sorte qu'ils ne réduisent pas seulement
en Sel les teintures qu'on en prépare , mais
il les spiritualisent encore : Car bien que les
teintures soient cristalisées & réduites en
Sel , dans le Sel qui est fait par un Esprit
Acide & un Alcali , elles ne sont pas cependant tellement spiritualisées , qu'elles
ne soient plus suceptibles d'empyreume
comme elles sont dans les autres préparations dont on vient de parler , mais elles

se font à la maniere du Sucre, qui bien
que criftalifé & plufieurs fois rafiné, ne
laiffe pas de fe brûler au feu & de s'y changer en parties héterogenes, puantes &
fâlles.

Il eft vrai que fi les Alcalis foulez d'Efprits Acides, font diftilez, on les pourra
volatilifer par cohobation. Mais l'Efprit
qu'on tire par cette voye eft Acide comme les autres Efprits qu'on tire à feu violent, encore qu'il foit tres-pénetrant,
qu'il diffölve les Métaux, & qu'étant
changé par leur moyen en un Sel volatil,
il foit d'une admirable vertu & efficace
pour la Medecine. De même l'Alcali fimplement foulé d'Acide & non diftillé, n'a
que les fimples qualitez déterfive & Medecinales de l'Alcali & du Nitre ou du Vitriol, &c. & eft moins noble que l'autre
de plufieurs degrez. De forte que pour ce
qui regarde les Vegetaux, l'Alcali volatilifé par les huiles Effentielles ou par les
Efprits Vineux rectifiez, qui ne font que
des Soulphres volatilifez eft bien plus noble, bien plus efficace, & bien plus pénetrant pour l'ufage de la Medecine que l'Alcali volatilifé par les Acides des Mineraux.
Et la raifon en eft évidente, car celui qui
eft préparé par la premiere de ces voyes,

a bien plus de raport avec les Vegetaux
que celui qui eſt préparé par la derniere,
les Eſprits Mineraux de leur nature étant
auſſi éloignez des Vegetaux , que le ſont
les ſujets dont on les tire par la violence du
feu.

Or les Alcalis , les huiles Eſſentielles &
les Eſprits ardents , ſont radicalement de
même genre les uns aux autres ; & l'Alcali par leur moyen , récouvre ce qu'il a perdu au feu lorſqu'on la brûlé : c'eſt à dire,
qu'il récouvre le baume Eſſentiel Séminal
& Vital , & de cette maniere il devient
non ſeulement volatil , mais fermentatif
& tres ami de nôtre Nature , & par con-
ſéquent , un moyen admirable pour préparer & pour perfectionner les Vegetaux
excellens , principalement ceux qui ſont
oſorants, balſamiques & étherez.

Mais avant que de paſſer outre , je veux
répondre à deux Objections que des Eſprits captieux me pourroient faire ; l'une
en opoſant ma Doctrine à la Doctrine de
Van-Helmont , & l'autre en m'opoſant à
moi-même.

Quant à la premiere , ils pourroient al-
léguer la Doctrine de Van Helmont qui
tient que les Eſprits volatils , comme de
Vin, de Vinaigre , &c. ſont fixez par le
moyen

moyen des Sels fixes , & que je foûtiens au contraire que les Sels fixes font volatilifez par les Efprits.

A quoi je répondrai que ces deux Propofirions font toutes deux veritables. Car l'Efprit fe dépoüille fur l'Alcali de toutes fes parties falines , & l'Alcali rejette le refte en forme d'un flegme aqueux. De forte que par ce moyen, l'Efprit quant à fes parties falines eft fixe par raport à ce qu'il étoit avant cette operation , & cependant il n'eft pas tellement fixe, qu'on ne le puiffe plus diftiler dans un récipient : ce qu'un fimple Alcali ne fait pas. Ainfi par cette operation l'Alcali eft rendu plus volatil , & l'Efprit plus fixe qu'ils n'étoient auparavant.

C'eft pourquoi Van-Helmont parlant de ce procedé dans fon Traité de *Lithiaf.* *cap.* 8. dit , qu'un Efprit Acide agiffant fur un corps par corrofion fe fixe en quelque maniere (*quoddam modo fixatur.*) *Nam omnis ſpiritus acidus rodens , rodendo aliud corpus , coagulatur , & prope modum fixatur , migratque in formam ſalis denſati.* Car il foûffre aprés cela une bien plus grande chaleur qu'il ne faifoit auparavant. Ainfi l'Efprit de Vin qui eft fi volatil , qu'il s'envole à la

N

moindre chaleur , devient , quant à fes
parties falines , fi fixe , qu'il ne s'envo-
lera plus qu'à une chaleur égalle à celle
dont on diftille l'eau-forte. Ce qui peut
être apellé non improprement une fixation.

Mais outre ce que nous venons de dire , il fe trouve encore un grand Myftere dans ces operations , qui pourra être
plus convenablement touché dans la Ré-
ponfe à la feconde Objection.   Et c'eft
aufli ce que je ferai, afin que cette Répon-
fe fatisfaffe le Lecteur ingenieux.

L'Objection donc, eft celle de ceux qui
voudroient m'opofer à moi-même : Premierement en ce que je dis que l'Efprit des
Alcalis volatils n'eft point Acide , mais
contrariant à l'Acide : au lieu qu'en un
autre endroit j'affure d'un Efprit volatil
de Sel de Tartre , qu'il eft Acide comme
le font tous les Efprits que l'on tire à feu
violent. Et en fecond lieu , que dans la
premiere Partie de ce Traité que j'ai intitulé l'*Explication de la Nature , &c.*
où je parle des Alcalis volatilifez par des
huiles Effentielles , J'ai dit , qu'ils font les
plus pareffeux & les plus lents dans leur
efficace ou vertu , de toutes les autres préparations par lefquelles on volatilife les

Alcalis. Au lieu que j'affirme dans cette
seconde Partie du même Traité , que les
Alcalis volatilisez par les huiles essentielles , ou réduits en Samech avec les Esprits
ardents rectifiez sont les plus excellens
pour les préparations des Vegetaux.

Pour répondre aux deux Parties de cette Objection comme j'ai répondu aux
deux Parties de la premiere , je dis qu'elles
font toutes deux veritables : mais que le
Lecteur judicieux doit considerer selon
quels égards l'une & l'autre peut être soû-
tenuë.

Ainsi pour répondre à la derniere Partie
de la premiere Objection , je dis toûjours
que le Sel de Tartre volatilisé avec des huiles Essentielles devient un excellent Medicament : mais pour sa vertu regardée comme un Menstruë ou Dissolvant actif, il est
de tous les autres le plus paresseux selon
l'observation tres vraye de Van-Helmont , qui dit que de tous les Sels , il a-
voit reconnu que les plus languissans é-
toient ceux qui participent le plus de la
nature des Soulphres. *Ex salibus illa lan-*
guidiora reperi , quæ sequebantur sulphu-
rum profapiam. Ainsi l'Esprit de Vin n'est
pas un menstruë Dissolvant comme l'Esprit de Vinaigre , principalement pour les

corps Métaliques ; il n'a nulle comparai-
fon avec l'eau forte , l'Efprit de Nitre,
l'huile de Vitriol & les autres Efprits Mineraux. Un menftruë pour les corps Métaliques eft bien different d'un *medium* propre pour volatilifer & pour exalter les teintures des Vegetaux , qui manquent bien
plus de Ferment propre pour l'exaltation
de leur natures que de corrofion pour ou-
vrir leurs corps. Chaque chofe donc a fes
proprietez & fes ufages.

Mais outre la Queftion qui regarde les
Alcalis adoucis & faits volatils , encore
qu'ils ne foient pas actuellement volatilifez , c'eft où nous devons donner la guir-
lande aux Sels volatilifez par les Efprits
Ardents, & principalement à ceux qui font
réduits en Samech : Car leur vertu feminale balfamique, leur a été renduë , au lieu
que les autres en ont été dépoüillez par la
violence du feu , & dont on ne les a pas
revétus par l'adition des Efprits Acides
corrofifs , qui en manquant eux-mêmes,
ne peuvent pas donner ce qu'ils n'ont
pas.

Ces Sels donc fe rencontrant avec les
teintures des Vegetaux deviennent fermentatifs les uns aux autres , & fe perfe-
ctionnent les uns les autres en un vrai

baume essentiel d'une vertu miraculeuse.

Maintenant pour ce qui regarde l'acidité de quelques Esprits Alcalisez, & la non
acidité de quelques autres, la difference
en reside dans la préparation & dans le
travail qu'on fait dessus. Et selon la varie-
té qu'on y aporte, il en resulte de differentes productions qui en viennent au jour.
Car le Philosophe est un aide instrumental & un Cooperateur à la Nature ; comme le feu est un aide instrumental au Philosophe.

Heureux le Philosophe qui fera ses préparations de telle sorte, qu'une douce
chaleur puisse faire exhaler les Alcalis, il
pourra tout de bon venir à bout des plus
importans Secrets de la Nature. Mais s'il
est obligé de se servir d'une chaleur violente, elle ne manquera pas d'imprimer
son action ignée sur l'Esprit qu'il y travail-
lera. Et c'est là ce que j'avois à répondre
aux Objections.

Mais pour satisfaire le Lecteur Studieux,
j'ajoûte, que les Esprits qu'on tire par le
moyen des Esprits pontiques sont acides
& pontiques, au lieu que les Esprits qu'on
tire par le moyen des huiles essentielles,
qui sont des Soulphres vegetables ; ou par

le moyen des Efprits vineux rectifiez qui
ne font que des Soulphres déguifez , témoin leur difpofition à s'enflammer ; ne
font point acides. Et c'eft pour cela que
Van Helmont , faifant le dénombrement
des Efprits des Sels , reconnoît qu'ils font
acides à l'exception de ceux qui font al-
califez & qui font tirez des Soulphres ef-
fentiels des vegetables. *Exceptis Alcaliza-*
tis , & fulphurum effentialium in vegetabili-
bus , &c.

Maintenant , pour proceder aux Operations fur les Sels alcalis par le moyen
des huiles effentielles & de l'Efprit de Vin
alcoolifé ; & pour finir ce difcours , aprés
avoir pleinement fatisfait le Lecteur Studieux. Je joints , l'Elixiration des Sels par
les huiles , avec leur Alcoolifation par les
Efprits Vineux en Samech., comme étant
de nature fort aprochante : & que la
voye de l'une fe change en la voye de
l'autre par l'induftrie des Artiftes. Car les
huiles effentielles , & les Efprits inflamma-
bles ne font que la même chofe déguifée
differemment : Et tous deux difficiles à
concilier ou unir avec les Sels fixes.

Touchant les huiles effentielles & les
Sels alcalis , Van-Helmont dit expreffe-
ment & tres-veritablement que fi ils font

joints fans aucune eau , dans l'efpace de trois mois , par une circulation fecrete , ils feront changez en un Sel volatil. Et touchant les mêmes Sels & l'Efprit de Vin il ajoûte ; Que le Sel de Tartre , par fon feul attouchement change plus de la moitié du dernier en eau , enlevant cette eau du Sel volatil de cet Efprit , & coagulant ce Sel volatil fur foi-même en une efpece de fixation. Mais dans ces deux Réflexions de Van-Helmont, il y a quelque chofe d'obfcur qu'on ne peut pas entendre aifément. Premierement dans l'Elixiration des huiles & des Alcalis on ne dit rien du poids, & le tems de trois mois eft ennuyeux : de forte que fi on l'attend & qu'on vienne à manquer, on n'a point d'autre confolation que la croyance qu'on n'a pas bien entendu les paroles de Van-Helmont : *Occulta & fecreta circulatione.* Excufe de Soufleur , mais d'une froide confolation. De même dans l'operation du Sel de Tartre avec l'Efprit de Vin rectifié ; où l'on dit que par le fimple attouchement du premier , l'Efprit eft changé en eau en grande partie. Mais, comment, on fait toucher cet Efprit à ce Sel, c'eft la difficulté. Car le Sel de Tartre pur mis dans de l'Efprit de Vin pur , tombe au fond comme du fable dans de

l’eau commune , & ne fe touchent point
l’un l’autre, c’eft à dire ne fe mêlent point
l’un avec l’autre. C’eft pourquoi il ne faut
pas être furpris que tant de demi-Sçavans,
fe font plaints de l’ennui de cette operation , n’ayant pû venir à bout d’achever
le Baume Samech aprés foixante rectifications.

Car fupofons que l’Efprit de Vin ne foit
pas abfolument pur , pour lors le Sel en at-
tirera l’aquofité , & par ce moyen le de-
flegmera parfaitement. Et au contraire, fi
l’Efprit de vin eft exactement deflegmé , il
ne touchera point du tout au Sel. Et bien
loin que fix diftilations réïterées lui enle-
vaffent une once de fon Sel , elle ne lui en
ôteront pas la moitié d’une. Parce qu’il
n’y a ni mêlange ni union , & où cela ne fe
rencontre pas , il ne peut y avoir action
ni paffion.

C’eft ici où mes brûleurs de charbon fa-
tiguez fe trouvent dans un Labyrinte, parce
qu’ils n’entendent pas le moyen de conjonction , qui ne fe fait pas par adition de
fubftance à la matiere , mais feulement
par le mode de difpofition , que fi quelqu’un en eft ignorant, qu’il l’ignore.

Fi temeraires , mal-adroits , qui afpirez à
des entreprifes dont vous ne pouvez vous

acquiter. Ne voyez vous pas de quelle
maniere les influences du Ciel se répan-
dent sur les corps terrestres, & les rendent
féconds. Aprenez à vôtre honte, à imiter la Nature dans ses operations les plus
ordinaires.

Les Alcalis donc doivent être unis avec
les huiles essentielles, ensorte que des deux
il se fasse un Savon, & pour lors le tems
par une secrette & fermentative décoction
changera l'un & l'autre en un tiers neutre
fait des deux, qui sera un Elixir volatil. De
même les Alcalis &. les Esprits rectifiez se
doivent joindre ensemble de telle sorte,
que l'un semble avoir mangé l'autre, &
pour lors cet attouchement sera semblable
aux serres du Larron dont les mains sont
des bendes qui lient & ne laissent rien aller : autrement aucun mêlange, ni aucune union ne se fera, & par conséquent
aucune operation de l'un sur l'autre.

Aprés tout, c'est-là le nœud Gordien,
qui embarrasse & qui embarrassera toûjours les Chimistes rêveurs. Ignorans les
vrays moyens de concilier les extrêmes,
ils imaginent de nouvelles substances é-
trangeres, ne connoissant pas le Mystere
de l'Amour spirituel, compagnon inséparable de la vraye vie, quoiqu'il ne soit ja-

mais fans corps , & qu'il fuive toûjours la
convenable difpofition de fon propre
corps , laquelle eft nôtre nom caché , nôtre Bulle , nôtre Myftere incommunica-
ble , mais le don de Dieu , qui le donne à
qui , & quand il lui plaît. À lui foit tout
Honneur , Gloire, & éternelle Benediction.

O Impertinens Operateurs , qui par
vos chaleurs imaginaires , voudriez attirer
ici bas les influences Celeftes , & intro-
duire les Fermens , qui font les Peres veritables de toutes les formes , encore que
vous ne fçachiez pas imiter par aucune de
vos chaleurs , la chaleur du Soleil dans les
Bermudes, pour produire des Oranges &
des Citrons. Ceffez Artiftes badins vos
broüilleries , & me permettez , moi qui
fuis le moindre des Philofophes , encore
que veritablement regeneré par le feu; per-
mettez-moi, dis-je, de vous inftruire mieux
que vous ne l'êtes ; & priez celui qui fur
tous eft le grand Maître, qu'aucun Ecolier
n'a encore pû furpaffer , qu'il veüille être
vôtre Guide ou Directeur : Car à vous
parler franchement, mes paroles font my-
fterieufes & obfcures.

Les Alcalis & les huiles Effentielles
exactement préparez s'embraffent l'un

l'autre par des liens d'Amour. Ce qui paroît par une espece d'odeur urineuse , par un mêlange en forme de Savon , de la blancheur & de la consistance de la Crême. Continuez vôtre décoction jusqu'à ce que vôtre mêlange en vienne à une union, & que l'huile & le Sel se puissent tous deux dissoudre dans de l'Esprit de vin , sans qu'il paroisse sur la surface de l'Esprit aucune graisse ou oleaginosité. Cette solution ainsi faite dans de l'Esprit de vin , cet Esprit se mêlera sans doute avec l'huile & avec le Sel , si une fois ces deux choses sont unies radicalement & inséparablement.

Rectifiez cette dissolution à une chaleur convenable , & vous aurez d'abord un Esprit volatil brûlant de l'odeur & du goût de l'huile Essentielle , en suite il viendra un flegme insipide , & il vous restera au fond du Vaisseau un excellent Elixir balsamique teint.

L'esprit volatil étant exactement déflegmé , vous l'unirez à l'Elixir balsamique , les digerant ensemble jusqu'à ce que l'Esprit devienne une seule & même chose avec l'Elixir qui est le plus fixe, encore que vous soyez certain que l'un & l'autre soient volatils.

Mais afin de donner encore plus de vertu à cet Elixir selon les qualitez de l'huile essentielle dont il a été fait; vous le ferez dessecher & cristalliser, sans aucune adition de substance étrangere, & sans aucune chaleur culinaire separative. Pour lors ce Sel cristalin, comme un Enfant affamé mangera & transformera en peu de tems en sa propre nature, telle huile Essentielle que vous voudrez lui donner. Si vous n'aimez mieux lui donner de la même dont il a été fait.

Nourrissez-le donc jusqu'à ce qu'il ait mangé trois fois autant d'huile Essentielle, qu'il y avoit de Sel Alcali quand vous l'avez commencé. Et faites que cette nutrition se fasse par une succession d'humectation & de dessiccation, de froid, & de chaud. L'air vous donnera le froid & la dessiccation, entendez bien cela Philosophiquement; & le feu, non pas le vulgaire, vous donnera l'humectation & la chaleur. Ce sont les puissantes rouës, par lesquelles la Nature circule toutes choses dans le grand Monde, mêmes les plus dures à une transmutation. Entendez bien cela, & le Secret de l'Alkaest, ni les Mysteres du Soleil & du Mercure ne vous seront pas inconnus.

Vous voyez, Lecteur, combien je préfume de vôtre capacité, d'avoir, en vôtre
confideration, paſſé les bornes de la candeur que je m'étois preſcrites. J'ai été
comme au devant de vous juſqu'à mi-chemin, & je vous ai conduit chez vous chargé de grands Secrets à demi découverts.
C'eſt pourquoi je vous demande encore de
l'attention & de la patience, & j'agirai encore avec vous avec plus de ſincerité que
je n'ai fait.

Vous avez vû l'Alcali & l'huile ; leur
mêlange, leur digeſtion, leur union &
leur nutrition, juſqu'à telle proportion que
le volatil ſoit coagulé & uni ſur & avec le
fixe ; & que les deux par ce moyen deviennent volatils & ſpirituels l'un avec l'autre.

C'eſt pourquoi comme un vrai Philoloſophe donnez leur du feu & les faites envoler à une chaleur convenable : mais s'il
arrive que cela ne ſe faſſe pas auſſi aiſément que vous le voudriez, pour lors, vous
les imbiberez avec une Liqueur convenable, ſoit avec de bon Vin ou avec des Eſprits ; & vous les ferez deſſecher en ſuite à
une lente digeſtion, comme vous avez fait
auparavant; afin qu'à chaque circulation ils
ſe nourriſſent, & deviennent de plus en plus

volatils & fpirituels, jufqu'à ce qu'ils fe fu-
blime à une douce chaleur de fable , en la
forme d'un Sel glorieux. Le Regne Vegetal ne poffede point de Medecine plus excellente que celle-là.

Pour la confection du Samech , faites,
que le pur Efprit de Vin , & le pur Sel de
Tartre foient joints & digerez enfemble ,
fans le mêlange d'aucune chofe que du
vrai Amour fpirituel, qui eft le feu étheré, le
feu fecret, la vraye & la feule caufe du Ferment ; & en peu de jours , la plûpart de
l'Efprit fera retenu dans le Sel ; féparez
foigneufement & prudemment le flegme ,
& remettez fur le Sel autant de nouvel Efprit qu'il s'en eft perdu : vous pouvez à
chaque fois mettre quatre fois autant d'Efprit que de Sel. Ainfi en quatre ou cinq
réiterations , ou en fix fi vous le voulez ,
vous aurez un baume teint de la couleur
d'un Rubis , d'un goût & d'une odeur admirable. C'eft l'excellent Medicament que
Van-Helmont apelle le Baume ou l'Arcane Samech.

Vous pourrez proceder à fa plus grande
exaltation en cette forte : faites que ce
Baume , fans aucune adition étrangere à fa
fubftance , foit deffeché , fans aucune chaleur vaporeufe de Vulcan : pour lors fem-

blable à un Enfant affamé qui demande de
la nourriture , vous lui en donnerez en
plufieurs imbibitions moderées , jufqu'à ce
que cette roüe ait tourné fept fois de fuite
fur lui. Aprés cela , faites-le envoler à une
chaleur de fable moderée , & vous aurez
un tres-excellent *Sel Effentiel* , balfamique, qui eft le comble des Alcalis dans
l'ufage de la Medecine , & qui merite
qu'on le regarde comme la couronne du
Medecin.

Cette operation comme vous voyez a
beaucoup d'affinité avec la précedente faite avec les huiles Effentielles. C'eft pourquoi je toucherai maintenant les raports
qu'elles ont entr'elles , & j'enfeignerai les
aditions Vegetables & Minerales dont on
peut les perfectionner au delà de la créan-
ce de ceux qui n'en ont pas l'experience.

Quant à la conjonction de ces deux
voyes , il n'eft pas neceffaire d'en parler
davantage , aprés avoir enfeigné la maniere de diffoudre le Sel & l'huile unis , dans
l'Efprit de Vin, & à les diftiler enfemble ;
& aprés les deffications les nourir avec le
même Efprit cinq , fix , ou fept fois ou davantage comme la raifon femblera vous le
marquer.

Mais outre cela, quant aux simples Aromatiques comme l'Anis , le Fenoüil , le *Cumim*, la Coriandre , le Gerofle , le Macis , la Muscade , la Canelle , &c. qui ne voit que leur Crafis refide en une huile legere & fpirituelle , qui par diftilation avec Efprit de Vin pur , eft extraite & devient tellement une avec cet Efprit , que l'odeur & le goût n'en font en rien differens du fimple aromatique dont elle a été tirée. Cet Efprit & cette huile circulez avec du Sel de Tartre tres-pur à la maniere du Samech , vous donneront un Samech & un Elixir aromatique , ou de Canelle qui eft excellent pour la Paralifie , l'Epilepfie , les Convulfions , le Vertige , &c. ou de tout autre aromate, comme vôtre volonté , la raifon , & l'ufage que vous en prétendez faire , vous le diƈteront.

Ces Procedez font des Découvertes qu'un Leƈteur éclairé ne regardera pas fans reconnoiffance à moins qu'il ne fut tres-ingrat , je fuis cependant réfolu de l'obliger encore davantage par des Secrets beaucoup plus excellens.

Pour perfeƈtionner les Mineraux par ces préparations , on pourra recevoir cette inftruƈtion fincere, qu'on peut lire dans Van-Helmont, & qu'on y trouvera confirmée,

firmée, qui eft, qu'on peut tirer un Soulphre de l'Antimoine, du *Metallus mafculus*, (le Zinc,) du Plomb & de l'Etaim.
Mais il y a un Soulphre naturel connu fous
le nom de Soulphre vif, qu'Hypocrates
apelloit fon Θεῖον πῦς, c'eſt un Soulphre
excellent totalement inflammable, qui ne
laiſſe aucunes féces, & qu'on ne peut par
conféquent foupçonner de mélange comme le commun & l'arcenical, qui eſt le
plus dangereux.

Il n'y a point de Philofophe qui ne reconnoiſſe l'excellence Medecinale qui fe
trouve dans les Soulphres Mineraux, qui
nous font bien plus connus & bien plus
familiers que les Soulphres Métaliques. Le
tems ne me permet pas de m'étendre ici
à Philofopher deſſus : mais j'efpere m'en
aquiter plus commodement dans la Troifiéme Partie de mes Ouvrages qui doit
fuivre celle-ci, & qui fera la Victoire ou
le Triomphe de la Pyrotecnie. Car là je
découvrirai dix Myfteres tres fecrets, dont
le premier regardera ce qui touche le Microcofme ; le fecond, les Alcalis ; le troifiéme, les Soulphres ; le quatriéme l'Antimoine ; le cinquiéme, le Mercure ; le fixiéme, le Venus ; le feptiéme, le Saturne & le Jupiter ; le huitiéme, le Mars ; le

O

neuviéme le *Metallus masculus* ; & le dixiéme, le Soleil & de la Lune. C'eſt pourquoi je renvoye le Lecteur en cet endroit,
s'il deſire être pleinement ſatisfait ſur ce
point.

Mais pour continuer la tâche que je me
ſuis impoſée ici, je dis, que ce Soulphre
vif dont je viens de parler, ou tout autre
Soulphre externe combuſtible, ſeparé de
tout Mineral, ou de tout Métal mol, dont
je traiterai de l'extraction clairement &
ſincerement dans mon Triomphe de la
Pyrotecnie. Ce Soulphre, dis-je, eſt un
excellent ſujet doüé de rares vertus. Or ſi
on le cohobe avec de l'huile de Therebentine au feu de ſable, juſqu'à ce que l'huile
ait enlevé tout le Soulphre, ſous la forme
d'une huile teinte & puante, on aura une
huile propre pour volatiliſer le Sel de Tartre. L'eau qui ſe ſera ſeparée de ſoi-même
dans la diſtilation, & qui n'eſt pas en grande quantité, doit être rejettée comme inutile. Avec cette huile vous pourrez proceder à l'elixiration avec le Sel de Tarte, de
la même maniere que vous avez fait avec
les autres huiles diſtilées ou Eſſentielles,
juſqu'à ce que l'union de cette huile avec
le Sel de Tartre ſoit complete. Pour lors
vous pourrez en digerer le mêlange avec

l'Esprit de Vin pur distilé sur de la semence de *Cardamomum*, & aprés la digestion, vous distilerez l'Esprit & le flegme jusqu'à ce que le baume demeure tres-rouge. Rectifiez cet Esprit & le réünissez à son baume. Digerez ce mêlange par une secrete digestion jusqu'à ce qu'il soit sec : Et pour lors toute la mauvaise odeur en sera ôtée , & l'Elixir sentira tres-bon. Vous nourrirez cet Elixir avec de nouvel Esprit de Vin aromatisé , six ou sept fois , puis vous le ferez sublimer , & vous aurez un glorieux Sel volatil Essentiel, balsamique teint, que l'on apelle , *Samec elixeratum sublimatum sulphuri vivi.* Mais s'il étoit fait avec le Soulphre d'Antimoine , il le faudroit nomme *Antimoniale.*

Cette Medecine est universelle , elle est un admirable restauratif , qui guerit puissamment toutes les Maladies , *in tono unisono ,* comme parle Van-Helmont, Elle est peu inferieure aux grands Arcanes préparez avec l'Alkaest, aussi en est elle fort aprochante & un excellent *Succedaneum.*

Cette operation est ennuyeuse si on la pousse aussi loin que nous venons de le marquer. Mais aussi est-elle un moyen pour préparer l'*Essentia membrorum ad vinum vitæ* de Paracelse , qui étant tiré du

Metallus Masculus, ou de l'Antimoine,
outre les innombrables cures qu'il peut
faire, il rétablit le Corps humain d'une
maniere miraculeuse, renouvelant réelle-
ment le poil, les dents, & la peau , & o-
perant les autres choses que la Fable conte
des Remedes de Medée sur son beau-Pere
Æson.

Mais si vôtre loisir ne vous permet pas
de pousser ces Remedes jusques-là , con-
duisez les au moins jusqu'à un Elixir que
vous rectifierez avec l'Esprit de Vin aromatisé de Canelle , de Gerofle , ou de *Car-*
damomum , deflegmant cet Esprit & le ru-
bi , ou plûtôt le sang du baume rouge ou
Samech , & les réünissant ensemble & les
circulant jusqu'à ce qu'ils deviennent in-
féparables. Et par ce moyen la puanteur
Minerale sera changée en une odeur aromatique tres-agréable. Et je peux vous as-
surer que vous aurez une Medecine sur laquelle vous pourrez faire fond , pour la
guerison de toutes les Maladies , si l'on en
excepte quelques-unes Chroniques trop
enracinées & hereditaires.

Venons maintenant à l'aplication de
nôtre Elixir Samech , car je prétends dans
la suite unir les Alcalis volatilisez par les
huiles Essentielles avec les Alcalis volati-

lifez par l'Efprit de Vin : l'experience nous ayant fait voir que ces deux voyes fe peuvent unir affez aifément & tres utilement pour perfectionner & fpiritualifer d'excellentes teintures vegetables, de grande efficace, & pour rendre le Samech plus puiffant de plufieurs degrez qu'il n'étoit aupavant, encore qu'il faille avoüer fincerement qu'il étoit déja de grande efficace.

J'exhorte ici le Lecteur de fuivre mon avis, qui eft de faire la bafe de fes Elixirs avec l'huile de Terebentine que j'apelle ailleurs *Oleum perpetua virentis.* Et pour le mieux engager dans mon opinion, je l'invite à confiderer ce peu de raifons, qu'il ne doit pas regarder comme triviales.

Premierement l'Arbre qui la donne eft toûjours verd, même pendant les gelées les plus rudes. Et il croit dans les Regions les plus froides, comme dans la Ruffie, la Nordvegue, &c.

Secondement il vient le plus ordinairement fur des éminences fteriles & fablonneufes, & il y devient fi gras, que s'il n'y étoit pas en plain air la graiffe l'étoufferoit.

En troifiéme lieu, cette huile eft de bonne odeur, elle eft tres-diuretique,

puiſſamment déterſive , peut être apliquée
par dedans & par dehors , & dans les Go-
norées & chaudes-piſſes , elle n'a pas ſon
pareil dans la famille des vegetables.

En quatriéme lieu , l'Arbre qui la produit , eſt peu different du Cedre , & le bois
en eſt de longue durée quand il eſt à couvert.

D'où on peut recüeillir que cette huile
outre ſa qualité diuretique , déterſive &
Medecinale , peut auſſi par de tres-proba-
bles conjectures promettre une longue vie,
en corrigeant la conſtitution de nôtre
corps , le rendant d'un vigoureux temperament de jeuneſſe , & le preſervant du
froid du déclin de l'âge.

Mais outre cela elle ſe peut avoir en
grande quantité & à vil prix , ce qui en
doit empêcher le mêlange & l'Adultera-
tion : de ſorte qu'il ſemble qu'elle ait été
deſtinée de Dieu pour le ſoulagement des
Pauvres. Auſſi le Sel de Tartre ſimplement
volatiliſé avec cette huile peut être donné
en cent manieres avec ſuccés. Mais il produira des effets tout autres , ſi l'huile avant
ſon union avec le Sel , eſt diſtilée & coho-
bée avec du Soulphre vif juſqu'à ce que le
Soulphre & l'huile ſoient unies & deviennent une huile volatile ; qui étant unie au

Sel, & la teinture étant extraite de l'u-
nion de ce Sel & de cette huile avec l'Efprit de vin, & réctifiée avec lui jufqu'à ce
qu'elle ait perdu toute fa puanteur : pour
lors l'Efprit & le baume teint unis en Elixir, & cet Elixir nourri & raffafié d'Efprit
de Vin aromatifé, & fublimé en fuite comme nous l'avons enfeigné ci-deffus: ou gar-
dé en Samech de bonne odeur, il fera de
grande vertu & efficace, ou fi on l'unit
avec des teintures d'excellens Vegetaux
en la maniere que nous allons le dire, il en
aura encore davantage.

L'Alcali donc réduit en Elixir avec deux
ou trois fois autant d'huile de Terebentine,
jufqu'à ce que le Sel & l'huile fe puiffent
diffoudre dans de l'Efprit de Vin fans fe féparer. Pour lors diffolvez cet Elixir dans de
l'Efprit de Vin aromatifé avec de la Canelle. Séparez l'Efprit du Baume ou Samech
par diftilation, deflegmez l'un & l'autre &
les rejoignez enfemble.

Ayez cependant quelque teinture Vegetable excellente toute prête, par exemple, faite avec les ingrediens d'Elixir de
proprieté en cette forte.

Le Saffran, la Myrrhe & l'Aloës *ana*
réduits en poudre, & mêlez avec leur
poids de Sel de Tartre, foient par une di-

gestion artificielle tellement macerez qu'ils
rendent toute leur teinture , préparée corrigée & exaltée. Cette teinture extraite
avec l'Esprit de Vin aromatisé de Canelle
& ajoûtée avec l'Elixir Samech : & l'Esprit qui sera tiré de ce mêlange sera d'u-
ne odeur excellente ; & le baume & l'Esprit exactement déflegmez étant réünis
ensemble , & par une secrete digestion
conjoint inséparablement , à sçavoir le
Samech , l'Esprit odorant & la teinture,
produiront un Samech d'Elixir de Proprieté de bonne odeur, & qui comme je croi,
ne le cedera point à l'Elixir de proprieté
fait avec l'Alkaest. Ne vous étonnez pas
de cela Lecteur. Dieu a donné à chaque
chose son Tallent : encore que Van-Helmont ait tres-bien connu le Samech , je
suis neanmoins presque assuré , qu'il n'a
jamais connu la maniere de l'apliquer aux
Vegetaux. Il avoit des commoditez pour
d'autres Operations , mais Dieu l'ayant
privé de celles qui étoient necessaires pour
quelques autres , que j'aurois entreprises
plûtôt , si j'en avois trouvé l'occasion convenable. Mais manquant de fourneaux
& de place propre pour distiler l'Esprit volatil de Sel de Tartre en grande quantité
pour les operations Minerales , dont j'ai
traité

traité suffisamment dans le second Chapitre de la troisiéme Partie de ce Traité : & pour ne pas demeurer oisif mais pour orner ma Sparte , comme on dit , (*exornare spartam meam ,*) je me contentai en attendant mieux, de faire quelques essais , en petite quantité, seulement pour les connoître. Ainsi je fis mon possible pour pousser jusqu'au bout les Alcalis avec les huiles & avec les Esprits ardens , qui étant balsamiques & vegetaux , & par conséquent fermentatifs, pouvoient être conduits au plus haut point d'excellence , avec un degré de feu bien moindre que n'en demandent les autres préparations. C'est pourquoi je les poursuivis avec beaucoup de diligence & d'attention. Et je trouvai , par la grace de Dieu , mes études, mes veilles & mes travaux couronnez du succés , dont je vous ai rendu conte suffisamment & assez clairement dans ce Traité.

Mais pour revenir à l'Elixir de proprieté , que je vous ai proposé , il est fait des ingrediens de celui de Van-Helmont , dissouts avec un *medium* convenable. De sorte qu'étant ainsi préparé , Elixiré & réduit en une teinture , il est ensuite uni inséparablement avec l'*Arcanum* Samech , qui de lui-même est un tres-excellent Medicament.

P

Or d'autant que Van-Helmont parlant,
de sa *Media via* , pour faire son Elixir de
proprieté , il entend qu'il se doit faire par
une simple digestion des trois ingrediens ,
une once précisement de chaque, bien bat-
tus & mêlez ensemble dans un grand Vaisc-
seau à une chaleur convenable. Il ajoûte
que si les drogues sont unies avec un *medium* la production en sera inutile : ce
qu'il dit par raport aux descriptions de
l'Elixir de *Crollius* & de quelques autres,
bâties à leur fantaisie ; l'un se servant d'Esprit de Soulphre , un autre se servant d'u-
ne autre chose & d'autres de deux. Mais la
voye que je propose est par un moyen non
corrosif, familier à la nature Vegetable,
le plus excellent de tous les Sels fixes,
adouci & rendu balsamique & de vertu séminale, par son propre Esprit volatil , qui
est si excellent que Paracelse l'apelle son
petit Circulé ; par le moyen duquel les
trois ingrediens sont ouverts , volatilisez
& spiritualisez : de sorte qu'outre l'odo-
riferant Esprit , il s'y trouve une teinture
substancielle qui n'est pas de peu de vertu ; & le tout joint avec un Sel ami de la
Nature, qui à cause de sa volatilité est tres-
pénetrant allant jusqu'à l'entrée de la
quatriéme digestion ; & qui à cause de sa

nature Alcalisée est tres détersif, dissou-
dans toutes les mucositez coupant & atte-
nuant toutes les coagulations flegmatiques
qu'il rencontre en son chemin, & les chas-
sant au dehors par les Urines, par les sueurs
& par le siege.

Pour l'huile de Terebentine, elle est de
qualité laxative, non pas par raport à une
venimeuse dissolution des parties, mais en
ce qu'elle fait ressouvenir de leur devoir les
facultez expulsives.

Notez encore ici que la grande amertume de l'Aloës, est changée en une agréable & innocente amertume, qui par une
plus ample préparation, ou plus grande
perfection de la Medecine, pourroit en
quelque maniere être entierement éteinte.

Pour proceder donc au plus haut point
de cette préparation : Prenez de l'Elixir
Samech, & par un procedé secret Philosophique, conduisez-le à se granuler de soi-
même, & ainsi par degrez, jusqu'à une
entiere dessication. Nourrissez-le aprés
cela avec quelque Esprit aromatisé six,
sept ou huit fois, le dessechant par l'air à
chaque fois, & l'humectant par le feu &
le ferment de la Nature : puis par un feu de
sable moderé, faites-le sublimer ; & vous

aurez le Samech, l'huile elixiré & les Teintures glorifiées fublimées enfemble, fans la
moindre empyreume , qui confervera l'o-
deur agréable & les excellences fpecifiques
des ingrediens. Et dans fon operation, en
la dofe de dix , quinze , ou vingt grains,
faira connoître la vraye & haute excellence de fon mêlange.

Mais l'Elixir Samech eft une excellente
Medecine de bonne odeur , comme je l'ai
déja dit ; & admirable pour fes effets contre plufieurs Maladies. Ainfi elle n'a befoin, que dans quelques occafions extraor-
dinaires, d'être pouffée jufqu'à la fublima-
tion. Il fuffit qu'elle foit propre à être fu-
blimée , & qu'elle foit volatile , pour produire de furprenans effets. L'autre préparation étant tres-ennuyeufe , au lieu que
celle-ci n'eft que de peu de jours & de bien
peu de femaines. De forte que pour la per-
fe&ionner elle demande un Artifte prudent & patient.

Vous pourrez regarder le procedé de
l'Elixir de proprieté que nous avons décrit,
comme une Regle pour préparer toutes les
Teintures des Vegetaux : comme celle de
l'Helebore noir ou blanc avec l'Efprit de
Vin aromatifé avec le *Cardamomum* & la
Coriandre ; comme celle de la Colloquin-

te avec tel Efprit aromatifé qu'on voudra.
Mais pour le mêlange des ingrediens , on
pourra fuivre mes compofitions. L'Helebore eft éminemment fplenetique & ce-
phalique , préparez le avec la racine d'*A-
farum* & le Jalap ; & ce dernier quelquefois avec l'*Opium* ; & j'apelle ces préparations *Elixir Ladani Cephalicum & fplene-
ticum.* Pour faire un hepatique , je joints
la racine d'*Enula Campana* avec la Rhubarbe & les racines des Raves fauvages.
Pour un ftomachique , je prens le Saffran ,
les fleurs de Romarin & la racine de Biftorte. Pour un puiffant diaphoretique , je
me fers de la racine de Biftorte , du Saffran
& de l'*Opium.* Et pour faire un puiffant
Diuretique , je joints la Rhubarbe & le
Saffran au *Satyrion* duquel Paracelfe &
Van-Helmont font leur Aroph. Contre
un temperament conftipé , je me fers de la
Coloquinte , de l'Aloës , & du Baume du
Perou. Contre la Toux & le Flux , je me
fers de l'*Opium* , du *Caranna,* & de la gomme gutte. Et de cette maniere vous pourrez varier vos compofitions felon que la
raifon vous le dictera , les préparant au
refte felon la methode que nous avons
marquée dans la préparation de l'Elixir de
proprieté.

P iij

Pour l'Alcoolifation des Alcalis avec
l'Efprit d'Urine purement rectifié , &
avec fon mêlange avec l'Efprit de Vin,
je me referve d'en parler dans cette Partie
de ma Pyrotecnie Triomphante qui traite
des Myfteres du Microcofme.

Dans le Chapitre qui fuit celui-ci , je ne
dirai que peu de chofe de cet Efprit réduit
en fel volatil & doux , avec lequel Van-
Helmont préparoit fon *Ens veneris* , afin
que le Lecteur ne manque pas de la préparation d'un Remede auffi excellent que celui-là , & dont il pourra aprendre les ufages dans Van-Helmont mêmes dans le
Traité qu'il intitule , *Butler*. Cependant
j'en vas dire dans le Chapitre fuivant , affez pour l'inftruction des Jeunes Artiftes.

Extraits du dernier Chapitre de la Troisiéme Partie de la Pyrotecnie de Starkey.

Outre les Remedes déterſifs, on en trouve qui ont une diſpoſition préparative, qui apaiſent la fureur de l'Archée à la maniere d'un charme, & le remettent dans le repos & la tranquilité, en effaçant de ſon corps les impreſſions de ſa colere. Entre ceux-là j'admire l'*Ens veneris*, ou premier être de Venus, preparé ſelon la Methode que preſcrit VanHelmont dans ſon Traité *Butler*. Sçavoir par le Sel d'Urine dépoüillé de ſa puanteur : Avec ce Sel il ſublime le *Colcotar* dulcifié du Vitriol de Venus, deux ou trois fois, & de ces deux choſes il vient un corps teint, ou plûtôt un Eſprit dont cinq ou ſix grains gueriſſent les Fiévres & les Pleureſies, apaiſent toutes les extravagances de l'Archée en colere. Or cette operation n'eſt pas ſi en

nuyeuſe qu'on ne la puiſſe faire en quantité & en peu de tems.

Dans la famille des Vegetaux , la préparation de l'*Opium* eſt un Remede excellent , ſi on le prépare avec l'Alçali de Tartre volatiliſé , & principalement avec ſon
Samec qui le rend tres-diuretique & tres-
diaphoretique , il apaiſe toutes les douleurs du corps , & eſt un Remede aprou-
vé contre plus de quarantes Maladies differentes. Il devient encore plus puiſſant
par l'adition d'autres ſimples , & principalement par l'adition de la Myrrhe , de l'A-
loës & du Saffran.

Maniere de volatiliser l'Alcali a-vec l'huile de Terebentine, donnée par Starkey à Richard Matthieu ; pour faire la Pillule Diaphoretique & Diuretique, qui a eu tant de réputation en Angleterre.

PArties égales de bon Salpêtre des Indes & de Tartre blanc d'Allemagne : pillez les à part bien menu, tamisez les & les mêlez ensemble exactement ; puis faites détonner ce mêlange dans un grand Vaisseau de terre neuf, en l'y versant par cüillerées, & en l'allumant avec un charbon ardent. Et aprés la détonation, il restera un Sel blanc que vous prendrez tout chaut, le pillerez grossierement & le mettrez dans un Vaisseau de fayence de large ouverture & qui ait un couvercle ; & vous verserez dessus de bonne huile de Terebentine bien pure jufqu'à la hauteur de deux doigts au deſſus du Sel: prenant bien garde que ce Sel n'ait pas pris d'humidité quand vous verſerez l'huile deſſus , car l'huile ne s'uniroit pas au Sel. C'eſt pourquoi il faut que le Sel ſoit encore chaud quand on le pille & qu'on l'imbibe d'huile. Il faut agiter cette matiere deux ou trois fois par jour avec une ſpatule de bois ; tenir le Vaiſſau couvert de ſon couvercle , & y remettre de nouvelle huile à meſure que celle qu'on y a miſe d'abord diminuera. Continuant ce travail pendant ſix mois, ou jufqu'à ce que le Sel ſoit ouvert, qu'il ait bû trois fois ſon poids d'huile , & qu'il ait pris la forme de Savon ou de graiſſe. Et pour lors il eſt le correctif de tous les Vegetables.

℞. De ce correctif deux livres ; de bon *Opium* une livre ; d'Helebore blanc en poudre une livre ; de bonne Rigliſſe en poudre une livre. Incorporez bien le tout enſemble à diverſes repriſes, dans un mortier de fer , & en battre la maſſe à force de bras jufqu'à ce qu'elle ſoit exactement mêlée & réduite en conſiſtence de Pillule.

Autre maniere plus exacte de faire cette Pillule , décrite par Starkey dans l'*Appendix* de l'ignorant Alkimiste , imprimée en 1663.

DE bon Tartre & de bon Salpêtre, *Dana* une livre , ou telle autre quantité qu'on voudra. Pillez chacun à part & mêlez-les en suite ensemble. Mettez ce mêlange dans une marmite de fer bien nette, & y mettez le feu avec un charbon allumé , le mouvant avec une verge de fer pendant la détonatioin , jusqu'à ce que la masse cesse d'être rouge & soit changée en un Sel tres-blanc. Mais si vous voulez que vôtre Alcali soit de Tartre tout seul. Prenez de bon Tartre , la quantité qu'il vous plaira , & le faites calciner dans un four à Verrier ou à Potier , & il deviendra en une masse tres blanche. Et si vous voulez que vôtre Alcali ait plus de force. Prenez vôtre Tartre calciné par le Nitre & le mettez dans un fort creuſet au four à vent à grand feu pour le faire fondre , & lorſqu'il ſera bien fondu , vous le verſerez dans un mortier de bronze échauffé , & il vous viendra une maſſe Alcaliſée , bleuâtre , qui ſe diſſout aiſément à l'air.

Prenez cette maſſe , ou vôtre Sel de Tartre calciné , & la diſſolvez dans l'eau boüillante en l'agitant ; laiſſez répoſer cette diſſolution , juſqu'à ce qu'elle ſoit claire, & que les impuretez ſoient tombées au fond. Verſez le clair par inclination & le faites évaporer juſqu'à ſec , & vous aurez un Alcali tres-pur. Mais ſi vous le voulez rendre blanc & pur comme le criſtal ; prenez la diſſolution de l'un ou de l'autre Sel , avant l'évaporation , & la mêlez avec une égale quantité d'infuſion de chaux vive tres-claire. Laiſſez ce mélange quinze jours dans un Vaſe de grais , couvert pour le garantir ſimplement de la pouſſiere. Verſez par inclination le clair de ce mélange , ſans rien troubler , & le faites évaporer juſqu'à ſec, dans un Vaſe net dont il ne puiſſe pas tirer de teinture : & vous aurez un Sel blanc comme le criſtal le plus pur.

Prenez une livre de ce Sel , tres-sec, ou la quantité qu'il vous plaira ; trois livres ou trois fois autant d'huile de Terebentine, ou de toute autre huile diftilée. Mettez le Sel tres-fec & qui n'ait pas attiré aucune humidité , pillé groffierement au fond d'un Vafe de fayence de large ouverture , qui ait un couvercle , & verfez deffus de vôtre huile , en forte que le Sel en foit exactement couvert, & qu'elle furnage deffus , de peur qu'il n'attire de l'humidité de l'air. Laiffez-le ainfi couvert , & remuez-le deux ou trois fois le jour , avec une petite fpatule , ou petit pillon de buis bien net , & le Sel boira peu à peu cette huile , & à mefure que vous vous apercevrez qu'elle diminuera , vous en remettrez de nouvelle jufqu'à ce qu'il en ait bû trois fois fa pefanteur. Pour lors ce mêlange deviendra comme une crême blanche graiffe , ou Savon , par l'union de ce Sel & de cette huile. Ce travail durera environ fix mois. Pendant lequel tems le Vaiffeau fera toûjours couvert de fon couvercle de peur qu'il ne tombe rien dedans. Dans cette union d'Alcali & d'huile , la corrofion de l'un eft adoucie par l'onctuofité de l'autre , & deviennent tous deux temperez , pour corriger la malignité & le venin des Vegetaux les plus dangereux.

Vôtre crême ou correctif, fait comme
nous venons de le dire, dans l'espace de six
mois, plus ou moins, selon que vous aurez
bien operé, sera comme il faut s'il se diffout dans toute sorte de Liqueurs, sans
laisser aucune huile ou graisse floter sur la
Liqueur, qui est la vrayë marque de l'u-
nion du *Sel* avec l'huile, & du changement de l'huile en nature de Sel.

Prenez une livre de bon *Opium*, le plus
pur que vous pourrez. Faites-le dissoudre
dans de l'Esprit de Vin, filtrez la dissolution, & la coagulez par évaporation jusqu'à consistence d'un Roob. Prenez deux
livres d'Helebore blanc en poudre exactement tamisé, & autant qu'il en faudra de
vôtre crême ou correctif pour faire que
vôtre mélange de toutes ces choses vienne
à la consistence d'une masse de Pillule.
Battez & mêlez bien exactement toutes
ces choses ensemble, & mettez-en la masse
dans un plat de fayence ou terrine de grais,
que vous couvrirez d'un autre plat ou terrine, pour la garder de la poussiere, & la
laissez dessecher ou durcir de soi-même.
Puis coupez cette masse par petits morceaux, imbibez la peu à peu de vôtre crême, & la battez pour la remettre en masse,
& continuez cette imbibition & dessica-

tion, jufqu'à ce que la maffe pefe fix livres, c'eft à dire, qu'elle ait pris fon poids
de crême, ou qu'elle pefe le double de
l'*Opium* & de l'Helebore, & pour lors,
fi elle vous femble trop dure, vous y mettrez de l'huile de Terebentine feule, jufqu'à
ce qu'elle foit en une jufte confiftence de
Pillule. Cela fait vous laifferez repofer
cette maffe trois femaines avant que d'en
ufer. Plus elle eft vieille meilleure elle eft.
Et quand elle eft trop dure on l'amollit
avec l'huile de Terebentine, jufqu'à confiftence de Pillule, qui eft l'état où elle doit
être quand on veut s'en fervir.

Toutes ces précautions font neceffaires
dans cette préparation, parce qu'on travaille fur des fujets dangereux. C'eft pourquoi on exhorte ceux qui n'entendent pas
ces travaux, de ne pas fe mêler indifcrete-
ment de la préparation de ce Remede.

La dofe eft depuis dix jufqu'à vingt
grains, ou gros comme un pois, felon la
force ou la foibleffe des perfonnes. On
prend cette Pillule envelopée de pain a-
chanter dans une cüillerée de Vin, & on
boit enfuite un demi-verre de vin d'Efpa-
gne ou d'autre bon vin, & cela le foir
quand on fe met au lit.

Si on donne cette Pillule aprés une potion vomitive, ou laxative, elle arrêtera le vomiſſement & le flux, ce qui fait voir qu'elle eſt un puiſſant correctif.

On en prend pluſieurs jours de ſuite, ou une ſeule fois, ſelon la nature de la Maladie & le ſoulagement qu'on en trouve.

Ses effets ſont ſur prenans, ſelon la diverſité des perſonnes & des Maladies. Car quelquefois elle purge ; quelquefois elle fait vomir, elle fait preſque toûjours ſuer, & uriner. Et quelquefois elle fait beaucoup cracher & moucher. Et ſouvent rien de tout cela, gueriſſant ou ſoulageant par tranſpiration inſenſible.

C'eſt un excellent Antidote, Diaphoretique, Diuretique & *Anodin*. Il apaiſe les douleurs de tête en prenant une Pillule en allant au lit, & en en mettant un peu aux temples. Il guerit la migraine, les vertiges, la l'étargie. Il cauſe le repos, & apaiſe toutes les douleurs du corps. Il eſt excellent contre le mal Caduc, les Convulſions, les crampes. Il apaiſe le mal de dents ſi on en met un peu deſſus. Il guerit toutes ſortes de toux ; & ſoulage les Aſthmatiques. Il guerit la pleureſie, l'inflammation des poulmons ; il apaiſe les palpitations du cœur. Il fortifie l'eſtomach, en apaiſe les foibleſſes & en chaſſe les ventoſitez.

ſitez. Il apaiſe les vomiſſemens & arrête
toute ſorte de flux. Il apaiſe la colique ;
chaſſe les vers ; ouvre toutes les obſtructions du foye & de la rate. Il guerit toutes les hydropiſies , les inflammations &
les ulceres des Reins , la gonorée , la difficulté d'urine. Il apaiſe la diſurie & la ſtran-
gurie. Il provoque les ordinaires des fem-
mes , les regle & en arrête les cours im-
moderez. Il apaiſe toutes les douleurs de
Matrice & en guerit les ulceres. Il guerit
toute ſorte de gouttes , & principalement
les vagues ou Rhumatſmes , qu'il guerit
immancablement. Il arrête toutes ſorte
de Fiévres. Il fait ſortir la petite verole.
Il guerit les dartres. Enfin on prétend que
c'eſt un Remede Univerſel quᵢ fait beaucoup de bien & jamais de mal.

Autre préparation du même Remede.

LE Chevalier Digby donne une autre maniere de faire cette Pillule ,
qu'il apelle *Laudanum Germanicum* , ou
préparation finguliere de la Pillule de
Matthieu ou du Docteur Starkey. Il en
faifoit tant de cas , qu'il la gardoit pour
lui,& ne l'auroit jamais divulguée,s'il n'a-
voit eu crainte de bleffer la charité Chré-
tienne. Il dit qu'elle avoit eu l'aprobation
des plus habiles Medecins en toute forte de
cas. Voici fa maniere.

Il prenoit une livre d'*Opium* diffout en
Vinaigre diftilé, & filtroit la diffolution &
la coaguloit en confiftence de miel. Une
livre d'Helebore noir en poudre fubtile,
mife dans un matras avec du Vinaigre diftilé à l'éminence de quatre doigts, il dige-
roit ce mélange deux jours , puis il le faifoit évaporer à feu lent jufqu'en confiftence de miel. Il ajoûtoit à ces chofes une li-

vre de la crême ou correctif de Sarkey fait avec le Tartre & Salpêtre purifié avec la leſſive de chaux vive , & volatiliſée avec l'huile de Terebentine comme il eſt décrit ci-deſſus.

Puis il y mettoit deux onces l'huile d'ambre rectifiée ; une livre de Rigliſſe ſeche & réduite en pourdre ſubtile ; demi livre de bon Saffran ſec & pillé. Et tout cela ayant été mis dans un mortier échauffé avec des charbons ardents , il faiſoit battre & incorporer le tout enſemble ; ajoûtant peu à peu à cette maſſe trois onces d'huile de Terebentine rouge qui ſe trouve au deſſous du correctif. Et encore quatre onces de Teinture d'Antimoine faite en cette ſorte. Antimoine & *Sel de Tartre ana* , fondus enſemble à fort feu dans un fort creuſet & tenus en belle fuſion demi-heure. Cette fuſion verſée dans un mortier de bronze échauffé , ſera pillée lorſqu'elle ſera figée , & la poudre encore toute chaude miſe dans un matras ſera imbibée d'Eſprit de Vin bien rectifié , en ſorte qu'il la ſurnage de quatre doigts : on fait boüillir cela à feu de ſable , & l'Eſprit ſe charge d'une teinture tres-rouge , qu'on verſe par inclination. C'eſt de cette teinture dont il faudra prendre quatre onces qu'on ajoûtera à la maſ-

Q ij

ſe. Outre cela il aſoûtoit encore deux onces d'huile d'Anis, autant d'huile de grains
de Geniévre, autant d'huile de Saſſaffras,
autant d'huile de Vitriol, & autant d'Eſprit de corne de Cerf. Et à tout cela il a-
joûtoit encore demi once de gomme Ara-
bique diſſoute dans du Vinaigre diſtillé.
Mêlant & battant bien tout cela enſemble, il en réduiſoit la maſſe en conſiſtence
de Pillule en y ajoûtant de l'huile de
Terebentine autant qu'il en falloit.
Puis il mettoit tout cela dans un pot de
fayence couvert de veſſie & de cuir pour le
garder pour l'uſage. Sa doſe étoit de deux
petites Pillules de la groſſeur d'un pois priſes le ſoir en ſe mettant au lit.

AU LECTEUR.

AYant trouvé dans les Transa-
ctions d'Angleterre, la ma-
niere d'extraire le Sel volatil & l'Esprit des Vegetaux, communiquée à la
Societé Royale, par Daniel Coxe l'un
de ses Membres, le vingt-cinquiéme de
Mars mil six cens soixante & quator-
ze, j'ai crû qu'elle ne seroit pas mal
placée ici, Et que les experiences de
cet Auteur pourront éclaircir quelques endroits douteux de Starkey, ou
confirmer ses découvertes. Voici la
Traduction que j'ai faite de son Anglois.

Maniere d'extraire le Sel volatil & l'Esprit des Vegetaux. Par Daniel Coxe, de la Societé Royale d'Angleterre.

CUEILLEZ de beau tems, une bonne quantité de feüilles, de quelque Plante que ce soit, séparez-les des tiges, & en faites des tas, en les preßant les unes sur les autres, & elles ne tarderont pas à s'échauffer, principalement au milieu ; & en peu de jours elles se réduiront en boüillie, à l'exception de celles du deßus & des côtez. Etant en cet état, faites-en des pelottes, que vous mettrez dans une retorte de verre, faites-les distiler & donnez bon feu sur la fin ; & il vous viendra, outre une grande quantité de Liqueur, beaucop d'huile noire épaiße. Séparez la Liqueur de l'huile, & la faites distiller dans une cucurbite, & il montera un Esprit volatil, qui aprés deux ou trois rectifications deviendra parfaitement urineux, & ne peut être distingué à l'odeur, ni au goût, de l'Esprit rectifié de cornes de Cerf, de Sang, d'Urine, ou de Sel Armoniac.

Toutes les herbes que j'ai traitées de la forte, quoique tres differentes, & en tres-grand nombre, soit odorantes ou sans odeur; m'ont toûjours rendu ces fortes de substances.

Les Vaisseaux qui ont servi à ces operations, n'en perdent jamais l'odeur, quoiqu'on les lave tant qu'on voudra.

Quand les herbes font parfaitement fermentées, elles laissent peu de *Caput mortuum* aprés la distilation, quelquefois la vingtiéme partie, mais il ne m'est jamais arrivé d'en trouver plus de la dixiéme partie. Au lieu que si on les distile avant la fermentation, elles en laissent beaucoup davantage.

Ce *caput* ou charbon qui reste aprés la distilation étant parfaitement brûlé & réduit en cendres, ne rend presque aucun Alcali, ou Sel fixe.

Les herbes qui rendent beaucoup de Sel fixe, comme l'Absinte, la Sauge, &c. étant traitées par cette methode donnent quantité de Sel volatil.

Ces Sels volatils étant exactement reĉtifiez ne different en rien les uns des autres. Non plus que les Esprits vineux, & les Sels fixes, parfaitement purifiez & reĉtifiez. Au moins n'ai-je pû y remarquer de difference.

Pendant la fermentation des herbes, le lieu est parfumé de l'odeur du vegetable, au commencement; au milieu, en partie de l'odeur urineuse & du vegetable; mais à la fin, il l'est sensiblement de l'urineuse.

Pendant la putrefaction, les herbes deviennent si chaudes, qu'on ne sçauroit y tenir la main. Les grasses, moites & insipides fermentent plus vite & avec plus de chaleur. Les seches & de haut goût, plus tard; & les tiges fermentent difficilement.

Les herbes, par la putrefaction, semblent être privées de toutes leurs vertus specifiques; la Chelidoine ne teint plus en jaune, l'Epurge ou grande Tintimale n'a plus de laiĉt venimeux & vessicatoire, &c.

La plûpart des herbes ainsi putrifiées, fourmillent de vers, principalement au fond & au milieu des tas, où les mouches ni les autres insectes ne sçauroient aller

pour

pour y mettre leurs œufs ; & où la chaleur
eſt ſi violente qu'ils ne pourroient y du-
rer.

Or ces inſectes n'emportent rien du Sel
volatil ni de l'Eſprit des Plantes, car en
ayant diſtilé à part un grand nombre, j'ai
reconnu qu'ils ne rendent ni Eſprit ni Sel,
mais une Liqueur de bien differente nature.

Des herbes fermentées, dans un grand
recipient de verre à col étroit, la bouche
laiſſée ouverte, deviennent en mucillage
en peu de ſemaines. Diſtilées un an aprés,
ont rendu peu d'Eſprit & point d'huile.

Les Vegetaux ne fermentent point, ſi
on les prive de l'air externe.

Ces Eſprits & ces Sels volatils, ont les
mêmes proprietez, les mêmes effects, &
font les mêmes operations que les Eſprits
& les Sels urineux ordinaires. Ils teignent
le Syrop de violes en verd, ils ſont Diaphoretiques, Diuretiques & contraires
aux Acides, qu'ils mortifient ; ils précipi-
tent tous les Métaux diſſouts dans des Acides. Et lorſqu'ils ſont parfaitement rectifiez
& mis avec l'Eſprit de Vin, ils font l'*Offa
alba*, comme l'Eſprit d'Urine mêlé avec
l'Eſprit de Vin : Ils s'uniſſent aux Acides &
deviennent Sel Armoniac, ou Sels neutres.

R

*Extrait d'un autre discours fait à l'Acade-
mie d'Angleterre le 26. d'Octobre 1674.
par le même Auteur sur la même Matiere.*

L'Alcali ou Sel fixe tiré des cendres des
Plantes , ou du Tartre calciné , n'y
étoit point , selon mon estime , avant l'a-
ction du feu : & ces Sels ne different point
considerablement les uns des autres , au
moins sensiblement comme j'en suis certain....
Les Sels Alcalis resultent de la combi-
nation ou union du salin , & du sulphu-
reux principe.

*Extrait de la suite du même discours , reci-
té à l'Academie le 23. de Novembre 1674.*

TOus les Sels volatils , ne different les
uns des autres , qu'entant qu'ils sont
mêlez avec des huiles & des Soulphres ,
dont le concret qui les produit étoit imbu :
Mais aussi-tôt qu'ils en sont d'époüillez, ils
s'accordent en une commune essence.
Tous Sels volatils étant délivrez d'hui-

le & de Soulphre deviennent homogenes & uniformes.

x. Quelque Sel volatil que ce soit , & le mettez dans une haute cucurbite , sur les cendres , au bain , ou sur un feu de lampe égal & temperé , & le sublimez. Répetez ce travail deux ou trois fois ; la plûpart de l'huile demeurera au fond, ou s'attachera aux parois du Vaisseau.

Les Sels tirez de la sorte , ne se peuvent plus distinguer les uns des autres.

Autre procedé plus aisé , pour réduire ces Sels en commune nature & dénomination.

VErsez sur le Sel volatil que vous voulez purifier , une quantité convenable d'Esprit de Sel commun rectifié. C'est à dire qu'il en faudra verser dessus peu à peu , jusqu'à ce qu'il ne fasse plus deffervescence ou d'ébulition , qu'il sera soul, qu'il n'aura plus de chaleur ou de mouvement. Pour lors vous retirerez le flegme à petite chaleur égale : & vous sublimerez le reste qui sera de bon Armoniac , l'avant pulverisé & mêlé avec parties égales d'Alcali exactement calciné. Ou si vous versez

deſſus une leſſive, ou ſolution de quelque
Alcali bien pur ; l'Alcali s'uniſſant mieux
avec l'Acide que le volatil, ce dernier ſera
élevé à une mediocre chaleur & paroîtra
immediatement, ou aprés quelque rectifica-
tion, en la forme d'un Sel ſec, ſubtil & fugi-
tif; parfaitement dégagé d'huiles & de Soulphres. Et tous Sels volatils épurez par ces
Methodes, ſoit qu'on les ait tirez de Vegetaux, d'Animaux, ou de Mineraux, deviennent tous ſemblables. Mais ce qui ſe fait
ainſi par Art, ſe peut faire naturellement
& mieux par l'Air, qui comme je le peux
aiſément demontrer, eſt empreint d'un
Sel volatil, en partie ſublimé, & extrait
par les feux Soûterrains & Celeſtes, ou
tranſpiré des Animaux vivans, & des Vegetaux, par la diſſolution, ou deſunion de
leurs parties par l'arrefaction ou fermentation. Ces Sels étant reçûs dans le fluide
de l'Air, ſont immediatement dépoüillez de leurs proprietez particulieres ou
differentes, & deviennent les inſtrumens
de pluſieurs Operations remarquables,
non ſeulement dans les productions natu-
relles, mais encore dans les artificielles.
Ce Sel peut être obtenu par de differentes
methodes, & tiré de differentes ſubſtances, en ſa pure ſimplicité ; mais étant une

fois diſſout dans l'eau de pluye ou de roſée, & par ce moyen porté dans les entrailles de la terre, ou inſinué dans les Plantes, il eſt bien-tôt ſpecifié : & par l'union avec les autres principes de differente nature, il dégenere, ou eſt exalté en des ſubſtances compoſées ; d'où on le peut par Art ou naturellement retirer de nouveau.

Les Eſprits vineux rectifiez découvrent la même identité & uniformité de nature, que les Sels volatils & les Sels Alcalis découvrent. Car les Eſprits vineux à proprement parler, ne ſont que les huiles les plus ſubtiles des vegetables rompus & broyez par la fermentation.

Verſez ſur une once d'huile eſſentielle de quelque vegetable que ce ſoit, deux ou trois livres d'Eſprit de Vin bien deflegmé.; l'Eſprit par une ſimple agitation abſorbera, devorera, ou diſſoudra cette huile, qui par une longue digeſtion ou réïterée cohobation, peut être totalement dépoüillée de ſes proprietez particulieres, pour devenir vineuſe en ſorte qu'on ne la ſçauroit plus ſéparer de l'Eprit en ſa premiere forme.

Ayant quantité de cendres de fougeres qu'on avoit brûlées demi ſeches dans un four clos à feu égal, où l'on ſechoit du malt (c'eſt l'orge germé, pour faire la Biere.) Je les leſſivai & en tirai le Sel par la voye ordinaire. Aprés en avoir évaporé l'eau, il me reſta pluſieurs livres de Sel, dont je pris le plus ſec & laiſſai le reſte à l'air, qui y fut diſſout *per deliquium*, que je filtrai, & il me demeura une leſſive tres-rouge & tres-peſante : ce qui marquoit qu'elle abondoit en Soulphre & en huile. Ayant mis cette Liqueur dans un grand Vaiſſeau de verre, je la negligeai pendant ſix ſemaines. Mais je fus bien ſurpris aprés ce tems-là, de voir dans ce Vaſe du Sel brun au fond en forme de bouë ou lie, la ſur-face contiguë à la Liqueur étoit tres-blanche : & de cette maſſe pouſſoient à peu de diſtances les unes des autres une qua-rantaines de branches de fougere, qui ex-cepté la couleur, étoient toutes ſembla-bles à cette eſpece de fougere, qui ne pouſ-ſe qu'une branche, & qui reſſemble au po-lipode ayant des feüilles de part & d'autre à chaque tige. Les grandeurs en étoient differentes, mais la forme en étoit ſem-blable, excepté qu'il y en avoit quelques-unes qui avoient plus de feüilles que les autres. Je conſervai cette production pen-dant pluſieurs ſemaines, & je la fis voir à pluſieurs perſonnes, qui ſans leur avoir dit, ce que c'étoit, ni dequoi elle avoit été faire, raporterent tous que c'étoit des feüilles de fougeres qui étoient dans ce Vase.

Ayant eu besoin d'Esprit urineux volatil, je mêlai parties égales de potaches & de Sel Armoniac, & les mis dans une haute cucurbite pour distiller. Aussi-tôt que ce mêlange sentit la chaleur, une grande quantité de Sel se sublima. Ayant dans ce moment été apellé, pour quelque affaire : je fus bien étonné à mon retour, de voir dans le chapiteau, une forêt en perspective si surprenante, qu'on ne pourroit en imiter une semblable avec le pinçeau. Il paroissoit des representations de Sapins, de Pins, & d'autres sortes d'Arbres, que je ne sçaurois nommer ni décrire, agréable pour leur figure & pour leur couleur.

Le *Ladanum* du Jeune Van-Helmont, communiqué à Robert
Boyle, par lui-même, & que ce
dernier fit inferer dans les Tranf-
actions d'Angleterre du 26. d'O-
ctobre 1674. pour le rendre public.

℟. QUatre onces d'*Opium*, coupez le
par morceaux bien menu & le
mettez infufer dans quatre livres de jus de
Coins, & les laiffez fermenter enfemble
à feu doux huit ou dix jours, plûtôt plus
que moins. Cela fait, filtrez la Liqueur &
infufez dedans Canelle, Mufcade, & Gerofle, *Ana*, une once, pendant cinq ou
fix jours. Filtrez le tout par un canevas,
évaporez jufqu'à confiftence d'extrait,
puis incorporez dedans deux ou trois onces
de Saffran en poudre fubtile. La dofe eft
la groffeur d'un pois.

F I N.

APROBATION.

APROBATION.

JE souffigné Docteur Regent de la Faculté de Medecine de Paris, Conseiller Lecteur & Professeur du Roi, ai lû par l'ordre de Monseigneur le Chancelier ce Manuscrit intitulé : *La Pyrotecnie de Starkey*. Et je le juge digne de l'impression. Fait à Paris ce 22. Février 1705.

ANDRY.

S

munauté des Imprimeurs & Libraires de Paris ,
& ce dans trois mois de la datte d'icelles , que
l'impreſſion dudit Livre ſera faite dans nôtre
Royaume , & non ailleurs , & ce en bon papier ,
& en beaux caracteres, conformément aux Reglemens de la Librairie ; & qu'avant que de l'ex-
poſer en vente , il en ſera mis deux Exemplaires
dans nôtre Bibliotheque publique , un dans celle
de nôtre Château du Louvre , & un dans celle de
nôtre tres-cher & feal Chevalier , Chancelier de
France , le Sieur Phelippeaux Comte de Pont-
chartrain , Commandeur de nos Ordres ; à peine de nullité des Preſentes , du contenu deſquel-
les Nous vous mandons & enjoignons de faire
joüir l'Expoſant ou ceux qui auront droit de lui ,
pleinement & paiſiblement, ſans ſouffrir qu'il leur
ſoit fait aucun troublesou empêchemens. Voulons
qu'à la Copie deſdites Preſentes qui ſera imprimée au commencement ou à la ſin dudit Livre foi
ſoit ajoûtée comme à l'Original : Commandons
au premier nôtre Huiſſier ou Sergeant , de faire
pour l'execution d'icelles , tous Actes requis &
neceſſaires ſans autre permiſſion , & nonobſtant
Clameur de Haro , Chartre Normande , & Lettres à ce contraires : CAR tel eſt nôtre plaiſir.
DONNE' à Verſailles le 17. jour de Mai 1705.
Et de nôtre Regne le ſoixante & troiſiéme.
Par le Roi en ſon Conſeil
LE COMTE.

Regiſtré ſur le Livre de la Communauté des Im-
primeurs-Libraires de Paris , Nº 390. page 563.
conformément aux Reglemens , & notamment à
l'Arreſt du Conſeil du 13. *Aouſt* 1703. *A Paris ,*
le 22. *Mai* 1705.
P. EMERY , Syndic.